马铃薯生产技术与产业化经营研究

李崇光　卫丹丹　阚宝忠◎著

吉林科学技术出版社

图书在版编目（CIP）数据

马铃薯生产技术与产业化经营研究 / 李崇光，卫丹丹，阚宝忠著. -- 长春 : 吉林科学技术出版社，2022.11

ISBN 978-7-5744-0018-4

Ⅰ. ①马… Ⅱ. ①李… ②卫… ③阚… Ⅲ. ①马铃薯－栽培技术－研究②马铃薯－产业化经营－研究－中国
Ⅳ. ①S532②F326.11

中国版本图书馆 CIP 数据核字(2022)第 233312 号

马铃薯生产技术与产业化经营研究

MALINGSHU SHENGCHAN JISHU YU CHANYEHUA JINGYING YANJIU

作　　者　李崇光　卫丹丹　阚宝忠
出 版 人　宛　霞
责任编辑　安雅宁
幅面尺寸　185 mm×260mm
开　　本　16
字　　数　309 千字
印　　张　13.5
版　　次　2023 年 5 月第 1 版
印　　次　2023 年 5 月第 1 次印刷

出　　版　吉林科学技术出版社
发　　行　吉林科学技术出版社
地　　址　长春市净月区福祉大路 5788 号
邮　　编　130118
发行部电话/传真　0431-81629529　81629530　81629531
　　　　　　　　81629532　81629533　81629534
储运部电话　0431-86059116
编辑部电话　0431-81629518
印　　刷　北京四海锦诚印刷技术有限公司

书　　号　ISBN 978-7-5744-0018-4
定　　价　60.00 元

前　　言

马铃薯自古有之，依随人类数千载。它以其生长适应性广、综合加工利用产业链长、廉价高产、营养丰富、粮菜兼备等诸多优势，跃升为全球仅次于小麦、水稻和玉米的第四大重要粮食作物。它的人工栽培历史最早可追溯到公元前8世纪到公元5世纪的南美地区。大约在17世纪中期引入我国，到19世纪已在我国很多地方栽培种植，目前中国已成为世界上最大的马铃薯生产国之一。中国人对马铃薯具有深厚的感情，在漫长的传统农耕时代，马铃薯是人们果腹的主要粮食作物。而今，马铃薯又以其丰富的营养价值，成为中国饮食文化不可或缺的部分。作为现代农业诸产业中的“一员”，马铃薯产业优势明显，特色突出，潜力巨大，表现出美好的发展前景。集成组装配套马铃薯生产和加工技术，凝练和创新马铃薯产业化理论，为促进马铃薯产业化发展提供理论支持和政策建议，是马铃薯科技和教育工作者的职业理想和追求。

基于此，本书从马铃薯的基础知识入手，对马铃薯良种现代繁育技术、马铃薯高产栽培技术、马铃薯食品加工技术、马铃薯淀粉及蛋白生产技术、马铃薯全粉生产技术及马铃薯产业化经营管理与创新等方面展开论述，在撰写上突出以下特点：第一，理论与实践结合紧密，结构严谨，条理清晰，重点突出，具有较强的系统性和指导性；第二，结构编排新颖，表现形式多样，便于读者理解掌握。它是一本为从事马铃薯生产技术的工作者以及产业化经营的研究学者量身定做的教育研究参考用书。

在本书的撰写过程中，参阅、借鉴和引用了国内外许多同行的观点和成果。各位同人的研究奠定了本书的学术基础，对马铃薯生产技术与产业化经营研究的展开提供了理论基础，在此一并感谢。另外，受水平和时间所限，书中难免有疏漏和不当之处，敬请读者批评指正。

作者

2022年6月

目　　录

第一章　马铃薯基础理论

第一节　马铃薯的起源和栽培历史

一、马铃薯的起源

马铃薯原产于南美洲秘鲁和智利的高山地区，从南纬 50°起南美、中美等国家延伸到美国南部各州，共有 150 个马铃薯种，其中绝大部分生长在南美洲。根据科学考证，马铃薯有两个起源中心：栽培种的起源中心为秘鲁和玻利维亚交界处的“的的喀喀湖”盆地中心地区，南美洲的哥伦比亚、秘鲁及沿安第斯山麓智利海岸以及玻利维亚、乌拉圭等地区都是马铃薯的故乡。野生种的起源中心则是中美洲及墨西哥，在那里分布着系列倍性的野生多倍体种，即 $2n=24$、$2n=36$、$2n=48$、$2n=60$ 和 $2n=72$ 等种。

通过许多科学工作者的调查研究，现在南美洲有三个地方的茄属植物与马铃薯起源有密切关系：一是墨西哥，因为在那里分布有马铃薯的野生种；二是玻利维亚和秘鲁安第斯山区，因为在那里还保存着各种不同的栽培马铃薯较原始的种型；三是智利和附近沿海山区，因为那里同时有各种栽培马铃薯和野生种。现在可以断定，马铃薯的原产地是中安第斯山山区，包括智利北部、秘鲁、玻利维亚、厄瓜多尔以及哥伦比亚等处。但野生种的分布范围，则超出南美洲，在中美墨西哥及美国西南部都有分布。

关于马铃薯起源于南美洲安第斯山中部西麓濒临太平洋的秘鲁—玻利维亚地区，在不同的书籍和文献中多有涉及，也成为公论。到目前为止，人们在南美洲发现的人类村落遗址考证，原始人在南美洲见到野生马铃薯应在 14 000 年以前。马铃薯经印第安人驯化，其栽培历史约有 8000 年。

（一）栽培马铃薯起源的植物学依据

1. 普通栽培种的由来

目前，世界上栽培的马铃薯（除南美洲外）都是欧洲马铃薯的后代，属于四倍体栽培种的一个亚种——普通栽培种。它是由四倍体栽培种的另一个亚种——安第斯亚种进化而来的。20 世纪 60 年代初，英国学者西蒙兹（N.W.Simmonds）通过实验证实了这一结论。

西蒙兹从秘鲁、玻利维亚广泛搜集适应短日照条件的安第斯亚种，在欧洲长日照条件下对结薯性进行选择。结果表明，从小叶型的安第斯亚种向大叶型的普通栽培种进化，平均每世代增进 9%。经过连续五代的选择，就从安第斯亚种的实生后代中选育出适应于在长日照条件下结薯的类普通栽培种——新型栽培种（Neo-tuberosum）。这一实验结果令人信服地证明了普通栽培种是由安第斯亚种在长日照条件下选择的适应类型。两者是同一个种的不同生活型，即同一个种在不同生态条件下经选择趋异适应的结果。

20 世纪 70 年代，克里布（Crib）的研究确定了安第斯亚种为双二倍体，是窄刀薯与稀毛薯杂交的结果。1979 年，霍克斯（Hawkes）等观察到普通栽培种的双单倍体中有窄刀薯和稀毛薯的典型花萼，从而从细胞学水平上证明了安第斯亚种与普通栽培种的进化关系。这一研究结果同时科学地阐明了原产于智利的马铃薯普通栽培种也是由安第斯亚种进化而来的。

2. 近缘种的分布与“伴生杂草”的存在

要确定一种作物的起源中心必须遵循的一条重要原则，就是研究这种作物及其近缘种（包括近缘栽培种和近缘野生种）的分布状况。

安第斯亚种是马铃薯四倍体栽培种的原始类型。它主要分布于委内瑞拉、哥伦比亚、厄瓜多尔、秘鲁、玻利维亚以及阿根廷西北部等安第斯山中部海拔较高的冷凉区域。1925—1971 年，苏联科学家在布卡索夫（C. M. Eykacob）院士的参与和领导下，先后七次组织考察队赴中、南美洲进行马铃薯种质资源的考察和搜集工作。在此期间，美国、德国、瑞典和英国的科学家也先后多次对马铃薯原产地进行原始栽培种和野生种的搜集、整理和分类研究。在这些考察的基础上，分别在俄罗斯、英国、德国、荷兰、秘鲁、阿根廷和智利建立了马铃薯种质资源圃，较系统地研究了马铃薯原始栽培种和野生种在中、南美洲的分布、分类和细胞学，明确了结薯的马铃薯系包含 68 个野生种和 8 个栽培种。这 68 个近缘野生种中，有 52 个分布于秘鲁—玻利维亚地区，占总数的 76.5%。其余的近缘野生种绝大部分分布于秘鲁—玻利维亚地区周围的哥伦比亚、厄瓜多尔、阿根廷和智利等地。而 8 个栽培种则全部发现于秘鲁，也主要集中在秘鲁—玻利维亚地区。

进一步分析可见，现已被发现并定名的马铃薯野生种共 156 个，其中 122 个分布于南美洲。而这 122 个野生种中，有 97 个分布于秘鲁—玻利维亚地区。显然，如此集中而丰富的野生种资源，为早期生存于这一带的印第安人提供了充裕的选择余地，使他们有很大的可能从中辨别出最易、最适利用的类型并驯化栽培。

现代植物学研究结果表明：在马铃薯的近缘野生种中，以二倍体野生种的复合体 S. canasense/S. leptophyes 与栽培二倍体的关系最为密切。这两个野生种均分布在秘鲁南部、玻利维亚北部海拔 2500～4000m 的高原地带。此外，由上文可知，安第斯亚种是由二倍体栽培种的原始类型窄刀薯（2n=24）与近缘野生种稀毛薯（2n=24）杂交产生的。这两个种也都分布于秘鲁中部至玻利维亚中部海拔 2500～4500m 的高原区。稀毛薯常见于栽培田间、路边和荒地，是栽培马铃薯的伴生杂草，它与四倍体的安第斯亚种在形态上非常相似。根据作物遗传驯化的“渐渗杂交”理论：一种野生植物在驯化栽培的过程中，会产生野生型的该作物的伴生杂草。稀毛薯的存在与分布特点，为秘鲁—玻利维亚地区是栽培马铃薯的起源地提供了可靠的植物学依据。

（二）栽培马铃薯起源及其原始生态环境

1. 气候条件

马铃薯的起源地位于赤道南至南回归线之间，属热带干旱气候类型。从大气环流看，这里的气候主要受热带南太平洋气团影响。该气团源于半永久性的南太平洋副热带高压的东缘。这个高压冬、夏季变动于南纬 30°～35°在赤道附近，全年各季都存在低压槽。南半球这种气压上的分布形势，决定了安第斯山西麓的风向和气团活动状况。

从洋流看，靠近秘鲁和智利的西侧海岸，有强盛的秘鲁寒流北行，几达赤道附近。近岸处有冷水上泛。热带南太平洋气团越经寒流洋面，下沉作用显著。属性稳定，凉而爽燥。副热带高压的下沉气流，使这里盛行南风或东南风，形成南美最少雨的地方。年降水量一般不及 5mm，且变率很大。然而由于温暖的海洋气团流经寒流水面，气团下层温度降低，产生逆温现象，不易致雨，但相对湿度很大，高达 70%以上。形成本区气候少雨多雾的特点。

从气温看，基于上述原因和本区海拔高，表现夏季不热，最热月平均气温很少超过 20℃；冬季不冷，最冷月平均气温为 12℃左右。

2. 地形与土壤条件

安第斯山是新阿尔卑斯运动造就的年轻山系。中部山脉高耸峻拔，南北纵列，构成南太平洋气团向东运行的障碍。山地高原受河流切穿，加上海拔高度大，形成多种垂直地形，对整个西部山区气候和土壤的形成影响很大。

从秘鲁北部到智利中部，在海拔1000～5500m范围内分布的土壤，以石质土和粗骨土为主。但在地形较稳定的地区，钙质漠境土也属常见。秘鲁南部，母质为火山物质，发育石质土和玻璃质暗色土。

的的喀喀湖附近地区为半湿润高原。湖周围的平地发育松软潜育土，洼地则发育碱土和盐土。湖的北面，占优势的土壤是松软暗色土，伴生潜育土、有机土和腐殖质始成土。湖的南边，以栗钙土为常见，伴生浅薄的石灰土和石质土。

3°～30°S 之间的秘鲁和智利沿海地带，分布着荒漠土和山地荒漠土，成土过程相当微弱。秘鲁西岸一带，有小片半荒漠的灰钙土和棕钙土发育。在更新世冰河末期，这里是草原土，其植被为热带稀树草原。

3. 原始生态条件演变与栽培马铃薯起源

大约 10 000 年或更早一些时候以前，即最近一次冰川期末期，包括安第斯高原在内的南美洲中部和南部高海拔区仍被冰川覆盖。冰层沿秘鲁的山脉向下延伸直至约 3 000m 高处。此时，雪线至海岸线间的广大区域已开始回暖。气候随海拔升高呈现从干热爽燥至温凉湿润，形成从较干旱至半湿润的稀树草原植被，适宜人类活动。乳牙象、骆马、驼类等成群的大型动物也生活在这里。

高原山地内部，坡向迥异复杂，岭谷起伏，构成独特的生态系统，为植物遗传变异提供了多样化的生态条件，形成南美洲独具特色的一支植物区系——安第斯山植物亚区。马铃薯即源生于此区。经过漫长的地质岁月和生命进化过程，此时的马铃薯已演变分生出众多的野生种类群。安第斯山终年温凉湿润的峡谷，为马铃薯的生存发展和繁衍进化创造了优越的条件。古印第安人在这里从种类繁多的野生种中挑选出适宜食用的类型，作为充饥的食物。

随着冰川期结束，冰层消退，洋面升高，海岸线东侵 10～100km。秘鲁沿海区域气候变得越来越干燥，草原逐步退化、沙化，寻觅食物愈益艰难。这里也发生了类似西亚的由“食物革命”而致农业产生的过程。印第安人经过长期的由采集而食用马铃薯学会了栽培之以保障食物供给。马铃薯因此由野生进入栽培。大约公元前 4000 年，目前的沙漠边界已经形成。在这个过程中，已经懂得农业生产的印第安人迁移到以的的喀喀湖为中心的安第斯高原，开发新的农业区。原始栽培的马铃薯也被带到那里，并在新的条件下得到更好的发展。不同品种的原始栽培马铃薯与众多的野生种进行了混合、互交和多倍体化，逐渐形成了染色体组倍性不同的现代栽培种系列。

（三）栽培马铃薯的驯化

第一，印第安人种植马铃薯，模仿了自然界中野生马铃薯的生长方式，没有只种一种品种的观念。这种混杂的田间种植状态有利于种间自然杂交和变异的产生，增大了群体生产力的稳定性，有利于人类对性状变异的选择机会。但显然这是一种落后的种植方式，生产力低下，优质产品率也低。

第二，印第安人种植马铃薯，并非不懂选择，只是不懂育种学意义上的选择。他们仅凭感性认识、祖传经验和生活需要进行选择，缺乏规范和标准。例如，在田间表现块茎大的、单株产量高的尤其食味好的，就可能被选作下年用种，否则就不再种用。并不考虑这种选择结果是品种本身因素造成的还是其他因素造成的。即使如此，这种选择也有积极的意义。现代马铃薯田中四倍体栽培种已占绝对优势即缘于此。与此同时，其他类型的栽培种并未根绝之缘由也在于此。当然，混种格局的形成和延续还有其他方面的原因，如二倍体或多倍体种中也有适口性好的或表现其他优异性状的。

第三，年复一年，代复一代地重复这种混杂制度，随着人类文明的进步，逐渐使印第安人总结了丰富的感性认识和经验。正是这种认识和经验的积累，在几千年的历程中促使了马铃薯的驯化和栽培种的形成。

关于马铃薯的进化过程，谷茂等人结合詹克森和霍克斯等于 20 世纪 70 年代末在秘鲁马铃薯原产地的调查研究认为：马铃薯栽培种是在人类干预下由野生种进化而来的，在进化的过程中，马铃薯栽培种保持了祖先的远系繁殖、自交不亲和或近交衰退的习性。遗传基因的高度杂合是推动马铃薯栽培种进化的内在动力，气候与生态环境的变化是其进化的外在必要条件。马铃薯栽培种的无性繁殖保持了其异质性和杂种优势。因无性繁殖而导致的病害积累和危害问题在冷凉的生态条件下减缓。

二、马铃薯的发现和传播

马铃薯的发现、传播和栽培给人类带来了巨大的福利。马铃薯驯化和广泛栽培，是人类征服自然最卓越的事件之一。

（一）西班牙人对马铃薯的认识

马铃薯在原产地南美洲被当地印第安人称为“巴巴司”。马铃薯第一次被旧大陆人认识是在 1536 年，继哥伦布之后到达新大陆的西班牙探险队员到达马格达雷那河上游，现今哥伦比亚境内万列兹镇索罗科塔村附近，北纬 7°的地方，他们惊奇地发现当地人都在吃一种样子不好看的食物，这是叫作马铃薯的植物的地下果实，有点像欧洲人吃的萝卜或胡萝卜，和羊肉一起煮食；也可以当作喂养畜禽的饲料。这个考察队的成员卡斯脱雅培论述这个植物时写道，这是一种开淡黄色花、味道很好的、根部含有淀粉的植物，很受印第安人欢迎，甚至还成为西班牙人喜欢吃的蔬菜。

1538 年，到达秘鲁的西班牙航海家沈沙·德·勒奥（Sierra De Leon）是最早把印第安人培育的马铃薯介绍给欧洲的人。他详细地记录了在这个新国度见到的一切。1553 年，在西班牙塞维利亚城出版了他的一本书《秘鲁纪事》。这部有趣的见闻录讲到马铃薯："印第安人种植的一种作物叫巴巴司，生长着奇特的地下果实，煮熟后变得柔软，吃起来像炒栗子一样。""印第安人在巴巴司丰收时是愉快而幸福的。"从此，欧洲人从西班牙的这部书中第一次知道了马铃薯。

（二）马铃薯在欧洲的传播

马铃薯引进欧洲有两条路线：一路是 1551 年，西班牙人瓦尔德维（Valdeve）把马铃薯块茎带至西班牙，并向国王卡尔五世报告这种珍奇植物的食用方法。但直至 1570 年才引进马铃薯并在南部地区种植。西班牙人引进的马铃薯，后来传播到欧洲大部分国家以及亚洲一些地区。另一路是 1565 年，英国人哈根（J. Haukin）从智利把马铃薯带至爱尔兰；1581 年，英国航海家特莱克（S. F. Drake）从西印度洋群岛向爱尔兰大量引进种薯，以后遍植英伦三岛。英国人引进的马铃薯后来传播到苏格兰、威尔士以及北欧诸国，又引种至大不列颠王国所属的殖民地以及北美洲。18 世纪中期，马铃薯已传播到世界大部分地区种植，它们都是 16 世纪引进欧洲的马铃薯所繁殖的后代。

（三）马铃薯的品种改良

20 世纪以来，马铃薯品种改良主要采取以下方法：

1. 杂交育种

马铃薯育种过去主要采用品种间杂交方法，自发现野生种和近缘栽培种后采用种间杂交方法，可以把抗晚疫病、抗青枯病以及高蛋白、高淀粉等基因输入普通栽培种，培育出抗病、高产、优质的马铃薯杂交种。20 世纪 80 年代，世界育成品种有 1/3 是采用此法获得的。

2. 辐射育种

马铃薯的突变频率很低，为25万分之一至20万分之一。20世纪70年代以来，采用细胞组织培养产生愈伤组织，经辐射诱发突变产生新类型。

3. 双单倍体育种

利用四倍体栽培种产生双单倍体与有价值的二倍体种杂交获得新品种。

4. 2n配子的利用

从二倍体种中具有FDR的2n配子花粉或卵子作为父本或母本，与四倍体普通栽培种杂交以获得新的后代。

1978年，英国雷丁大学哈里斯教授（P. M. Harris）主编《马铃薯改良的科学基础》，系统地论述了马铃薯的形态学、发生学、解剖学、生理学和农艺学，以及进一步改良品种的途径，汇集了杰出马铃薯科学家的研究成果，是一部比较全面的马铃薯科学专著。

三、中国马铃薯的发展与创新

（一）20世纪50年代的发展

20世纪50年代初期，我国各地遭受严重自然灾害。中央人民政府号召全国人民增产粮食，度过灾荒。1950年，马铃薯适应地区广，有些地区一年可种2～3季，4～5个月即可收获，亩产在500kg以上，是南北地区皆可种植的救荒作物。中央农业部有计划地调运种薯，扩大马铃薯种植面积。1950年全国种植面积骤增至153.33万hm^2。但1951年雨水偏多，气候潮湿，晚疫病大发生，东北、华北和西南地区马铃薯显著减产，其中晋、察、绥地区减产达50%，有些地区植株枯萎，叶如火烧，连种薯都收不回来。1952年5月，农业部举办“马铃薯疫病专题训练班”，由植物病理学家林传光主讲，系统地传授马铃薯疫病发生规律及防治方法。农业部于1952年6月发布《关于防治马铃薯疫病的通报》。从品种、栽培、贮藏等方面对农民进行马铃薯防病的技术指导。

1950年2月，中央农业部制订“五年普及良种计划（草案）”，要求全国开展群众性的良种搜集、整理和评定，淘汰退化品种，更换抗病高产良种。据1956年统计，全国共整理和评定出39个马铃薯优良品种。其中：有四川省高抗晚疫病的巫峡、丰收、多子白，耐旱力极强的火玛，品质优良的乌洋芋，吉林省抗瓢虫的延边红，广东省抗高温和退化的兰花，江苏省抗退化的上海红，以及适应地区广的男爵等。这些优良品种的推广，不仅在

20 世纪 50 年代对马铃薯增产起到了重要作用，而且为以后开展杂交育种提供了优良的亲本材料。

在发展国民经济第一个五年计划中，把增加“薯类等高产量作物的播种面积”列为农业增产的重要措施之一，指出马铃薯“比一般杂粮的产量要高 5 ~ 6 倍”；扩大种植面积，对缓解我国粮食、饲料的紧张情况将有重要的作用。当时，农业机关和科学研究机关，认真地研究和培植薯类的优良品种，研究薯类的防治腐烂、改良储藏和加工的方法。我国马铃薯主产区的科研机关，先后充实科研人员，积极加强马铃薯科学研究工作。20 世纪 50 年代，我国从事马铃薯研究工作的科学家有中国农业科学院的林世成、程天庆、朱明凯，黑龙江省的李景华、孙慧生、滕宗瑞，吉林省的李宝树、张畅，河北省的傅龄义、田夫，内蒙古自治区的张鸿逵，山东省的蒋先明，江苏省的姜诚贯，湖北省的刘介民，以及四川省的杨鸿祖等。50 年代末，援藏建设的马铃薯专家程天庆，从中国农业科学院引去 30 多份优良育种材料，经过多年鉴定评比，先后培育出藏薯 1 号、藏薯 2 号等 10 多个优良品种，抗病性强，结薯集中，每株结薯 5 ~ 6 枚，还适宜和其他作物间作套种，亩产可达 4 000kg 以上，而且品质好，淀粉高，蒸煮炒食皆宜，很受藏民的欢迎。程天庆还帮助藏民学会了马铃薯贮藏和加工技术，使当地长期作为蔬菜的马铃薯发展成为粮蔬兼用作物。

20 世纪 50 年代，我国马铃薯生产获得较快的发展。据中央农业部统计，1960 年全国马铃薯种植面积扩大到 306.67 万 hm^2，总产量达 2 550 万 t，分别比 1950 年增加 90% 和 193%。

（二）防止马铃薯退化的研究

马铃薯通常都是以块茎繁殖，但生产上常常在种植数年之后出现退化，块茎变小，产量降低，留种困难。在农田里表现为植株变矮，叶片皱缩，产量剧减，以致丧失种用价值。两个世纪以来，世界各国科学家都在从理论和实践方面研究马铃薯退化原因和解决途径。国内外关于马铃薯退化有三种学说：一是衰老说，认为马铃薯退化是生物发展的自然规律；二是生态说，认为高温是引起退化的主要原因；三是病毒说，认为是病毒侵染并积累遗传给后代。我国科学家对马铃薯退化问题从栽培、育种、病毒等多方面进行许多研究。四川省农业科学研究所杨鸿祖用他多年的生产实践和科学实验，逐一地反驳了生态说和衰老说的片面性论点，确认病毒侵染是马铃薯退化的主要原因，并提出解决不同生态类型区马铃薯留种问题的意见。

北京农业大学林传光教授用科学实验证实马铃薯退化是病毒危害造成的。他主持马铃薯品种退化的研究课题，选用男爵品种天然实生种子培育实生苗，结出的无毒薯播种在无病毒防虫网室，经过连续5年春秋两季11次种植，均未发生染病和品种退化现象。但在15℃和25℃土壤温度条件下，人工接种X、Y和X+Y病毒，第二年立即发生病毒症，块茎变小，产量降低，且以X+Y病毒在25℃高温条件下退化更为严重，而未接种病毒的植株依然正常生长和结实。林传光的实验确证马铃薯退化是病毒造成的，而高温仅是发病的一个外界环境条件。在农业生产上只要采取各种防病措施，就可以有效地防止或减轻马铃薯退化。

在农业生产实践中，马铃薯退化涉及各种复杂的因素，必须提出控制退化的完整概念以及制定综合防止措施。山东农学院蒋先明教授于20世纪50年代先后调查了东北、华北、中原和西北地区马铃薯退化现象，特别是从中原二季作区马铃薯种性复壮更新的成功经验中获得启迪，对马铃薯退化原因及其控制提出三个论点：一是病毒是外因；二是基于马铃薯退化是体内两种相反方向代谢活动的结果，因而退化是可逆性反应；三是退化的可逆性反应受栽培条件的影响，为正确的栽培措施所左右，故马铃薯退化是可以控制的。蒋先明教授提出的综合控制种薯退化的新观念，为马铃薯生产实践指出了一条新途径。

（三）实生种薯的利用

用种子生产马铃薯是防止病毒侵染、减轻退化的重要措施之一，是马铃薯育种和栽培上的一项创新。长期以来，马铃薯都是以整薯或切芽繁殖，而实生薯则是以种子繁殖新株。内蒙古自治区乌盟农业科学研究所马铃薯育种专家张鸿逵（1912—1980），长期以来努力探索解决马铃薯退化问题的途径。1956年，他在进行杂交工作时，偶然发现多子白品种自花天然结实，果实很大，种子也很多。他联想起美国马铃薯育种家用实生种子育成著名布尔班克薯的经过，就细心地采集并保存多子白的实生种子，第二年播种在采种圃里。奇迹出现了：实生种结出的薯块比用原种薯块结出的薯块大得多，色泽鲜艳，完全抗病。这项试验给了张鸿逵很大的鼓舞，他继续选用多子白、小叶子、苏联红三个品种的天然实生种子播种，以原种薯块作为对照。结果表明，实生薯一代产量分别比对照高出130.8%、140%和169%。因为感病很轻，第二年用薯块播种仍比对照高产。实生薯在生产上可以连续种植4～5代才开始表现退化。张鸿逵发现，如果采用有性和无性繁殖交替进行，边育苗边生产，就能有效地防止病毒侵染，确保马铃薯稳产高产。

1960—1962年，张鸿逵和他的同事宋伯符等，对80多个马铃薯天然结实品种的实生种子后代进行评比鉴定，从中选出克疫、米拉、金苹果、里奥娜等8个经济性状好、鲜薯产量高的实生薯种，开始在生产上示范推广。特别是克疫实生薯种，后代分离很小，薯块大，产量高，品质好，氨基酸和维生素含量高，很受农民的欢迎，种植面积迅速扩大。1972 年，张鸿逵等人的这一研究成果在北京农业展览馆和广州交易会上展出，引起广大科技工作者的重视。1973 年成立了全国实生马铃薯科研协作组，对马铃薯实生种子育种、留种和栽培进行协作研究，每年召开一次经验交流会，促进马铃薯实生种子的利用。中央农林部曾多次召开现场会示范推广，使实生薯在 16 个省区推广应用，1976 年全国推广面积达 2.67 万 hm^2，一般增产 30%～60%，有的达 100%，还出现亩产 4000～5000kg 的高产地块。用种子生产马铃薯，可以就地留种，摒弃病毒，便于运输，节省种薯，投资少，见效快，有效地防止退化，提高产量。这项措施是对长期以来所沿用的“吃薯必种薯”传统观念的变革，对马铃薯生产以至育种、繁殖和栽培技术都产生重大的影响。

（四）高产栽培技术的研究推广

20 世纪 70 年代，我国马铃薯科学家开展科研协作，针对生产中存在的问题进行研究。辽宁省旅大农业科学研究所的科技人员研究总结出“土豆抱窝夺高产”的经验，方法是利用整薯栽培，比一般切芽栽培增产 3～4 倍，高产纪录亩产达 5300kg。1980 年 6 月，农业部在旅大召开“全国马铃薯高产栽培科研协作会”，使这一栽培经验迅速在全国 19 个省（区）推广。科研机关还先后总结出马铃薯夏播留种法、冬播留种法、高山留种法以及二季作留种和三季串换留种法，在不同产区都有明显的增产效果。其中，以山东农学院蒋先明教授研究总结的冬春阳畦和秋播留种技术，效果最好，推广面积最大。方法是利用简易阳畦保温设备，在冬春低温季节繁殖种薯，从 11 月至来年 2 月在阳畦种植，低温抑制病菌和病毒发生，4 月底收获，种薯贮藏到 8 月度过休眠期后播种。此法可以确保种薯质量，实现苗齐苗壮，抗病增产。

（五）脱毒种薯的研究

利用茎尖脱毒苗生产种薯，对减轻马铃薯退化、提高产量有显著的效果。1978 年中央农林部分别在内蒙古、黑龙江、湖北、河北和江西等省（区）建立马铃薯原种繁育场，为产区提供脱毒种薯。1979 年，农林部在山东泰安召开“全国马铃薯留种保种科研协作会议”，推广马铃薯脱毒种薯繁殖技术和建立繁育体系的经验，1983 年 1 月，国家标准局正式批准执行《马铃薯种薯生产技术操作规程》，把脱毒种薯技术纳入操作规程。1988 年，全国 25 个省（区）推广脱毒种薯面积 26.2 万 hm^2，比一般种薯增产 30%～50%。在脱毒马铃薯的研究和推广过程中，特别值得一提的是有三位女科学家荣立首功。她们是黑龙江省马铃薯研究所研究员李芝苍、黑龙江省种子公司高级农艺师杨艾茹和克山县种子公司经理谢玉科。李芝苍20世纪50年代从沈阳农学院毕业后扎根边疆，长期在黑龙江省克山地区从事防止马铃薯退化的研究工作。她走遍全国马铃薯重点产区，鉴定和分离出感染马铃薯的10多种病毒，终于在1978年培育出脱毒马铃薯。谢玉科挑起了在克山县建立脱毒马铃薯繁育基地的重任，她研究单节切段扦插、掰芽育苗、一刀两芽等高速繁育技术，使试管苗移栽成活率达97%，高繁倍数达125倍以上。杨艾茹的足迹几乎遍布黑龙江省各个产区，种植示范田，组织现场会，大力推广脱毒薯，每年向全国马铃薯产区提供脱毒种薯25～30万t。1986年，这三位女科学家同时荣获农牧渔业部的奖励。

（六）种质资源和育种栽培的研究

20世纪80年代，我国恢复和健全了马铃薯科研机构，增加了专业研究人员，并逐步改善了马铃薯科研和推广工作的条件，使我国马铃薯科研和生产进入一个新阶段。

在特异材料的创新和新品种选育取得巨大成就的同时，马铃薯遗传理论和高效育种技术的研究也取得重大进展，尤其是利用2n配子的倍性育种研究领域取得了重大突破，对孤雌生殖诱导和2n配子形成机理遗传上有了较深入的研究，并已获得了一大批二倍体、四倍体和二倍体后代中间材料，为加工型材料筛选、耐盐碱高淀粉材料筛选、抗青枯病材料筛选和利用奠定了基础。

在国家“十五”计划中，马铃薯高效育种技术及优质、高产、多抗专用型新品种选育和优质抗病马铃薯倍性育种技术研究列入了国家高新技术计划（863计划）。

随着产业结构的调整和农业科学技术的进步，我国马铃薯产业发展迅速，栽培面积已跃升至世界第一种植大国。在种质资源保存利用、新品种选育、栽培技术、种薯繁育、产品加工、马铃薯世界贸易等方面都取得了突破性的创新和进展。当然，我国目前马铃薯种植产量、加工水平和能力等方面与世界马铃薯生产先进国家相比，差距显著，还有很大的提升空间和潜力。

第二节　中国马铃薯栽培区划

一、北方一作区

本区包括黑龙江、吉林两省和辽宁省除辽东半岛以外的大部；内蒙古、河北北部、山西北部；宁夏、甘肃、陕西北部；青海东部和新疆天山以北地区。即从昆仑山脉由西向东，经唐古拉山脉、巴颜喀拉山脉、沿黄土高原海拔 700～800m 一线到古长城为本区南界。

本区的气候特点是无霜期短，一般多在 110～170 天之间，年平均温度-4～10℃，最热月平均温度不超过 24℃，最冷月平均温度为-8～-28℃，≥5℃积温为 2000～3500℃，年降水量 50～1000mm，分布很不均匀。本区气候凉爽，日照充足，昼夜温差大，故适于马铃薯生育，栽培面积约占全国 50%以上，本区也是我国重要的种薯生产基地。

本区种植马铃薯为春播秋收的一作类型，一般 4 月下旬或 5 月初播种，9 月下旬或 10 上旬收获，适于种植中熟或晚熟的休眠期长的品种，但也要搭配部分早熟品种以供应城郊蔬菜市场、加工原料或外调种薯的需要。

本区栽培方式有垄作和平作两种。在平原地带适宜机械化栽培。

本区采用脱毒种薯栽培极为重要，应建立健全脱毒种薯繁育体系，加强对种薯田的栽培管理，以进一步提高种薯质量。在病害方面应着重开展对晚疫病、环腐病、黑胫病及主要病毒病的防治工作。

本区春季增温较快，秋季降温快。增温快则土壤蒸发强烈，容易形成春旱；降温快则霜冻早，晚熟品种或收获晚时易受冻。故须注意适期播种和深播、适期收获和防冻等问题。

二、中原春秋二作区

本区位于北方一作区南界以南，大巴山、苗岭以东，南岭、武夷山以北，包括辽宁、河北、山西、陕西四省的南部；湖北、湖南两省的东部；河南、山东、江苏、浙江、安徽、江西等省。

本区无霜期长，为 180～300 天，年平均温度为 10～18℃，最热月平均温度可达 22～

28℃，大都有酷热的夏天和寒冷的冬天，不利于马铃薯生育。为了躲过炎热的夏季高温，实行春、秋二季栽培，春季多为商品薯生产，秋季主要是生产种薯。多与其他作物间套作。春季生产于 2 月下旬至 3 月上旬播种，5 月下旬至 6 月上中旬收获。秋季生产于 8 月播种，11 月份收获。

本区马铃薯播种面积不足全国的 10%。但近年来，由于实行间套作和采取脱毒种薯以及新品种的育成和推广，种植面积也在逐年扩大，并成为商品薯出口和种薯生产基地之一，也成为全国马铃薯的高产地区。

三、南方秋冬二作区

本区位于南岭、武夷山以南，包括广西、广东、海南、福建、台湾等省。

本区无霜期 300 天以上，年平均温度为 18～24℃，最热月平均温度在 28℃以上。本区属海洋性气候，夏长冬暖，四季不分明。主要在稻作后，利用冬闲地栽培马铃薯，栽培季节多在冬、春季或秋、冬季。秋播 9 月初至 10 月下旬，收获 12 月末至来年 1 月初。冬播 1 月中旬，收获 4 月上中旬。但由于和其他作物进行间套种，播期变化也较大。本区栽培的集约化程度高，是我国重要的商品薯出口基地，也是今后马铃薯发展潜力大的地区。

四、西南一、二季混作区

本区包括云南、贵州、四川、重庆、西藏等省（自治区、直辖市）及湖南、湖北省的西部山区。

本区多为山地和高原，区域广阔，地势复杂，海拔高度变化很大，气候垂直变化显著，栽培制度也不尽相同。在海拔 2000m 以上的高寒山区，气温低，无霜期短，四季分明，夏季凉爽，雨量充沛，多为春种秋收，一年一季，具有北方一作区的特点，是种源基地。在海拔 1000～2000m 的低山地区与中原二作区相同，实行春、秋二季栽培。在海拔 1000m以下的江边河谷或盆地，气温高，无霜期长，夏季长而冬季暖，雨量多而湿度大，与南方二作区相同，多在冬、春或秋、冬季节栽培。

本区马铃薯栽培面积约占全国马铃薯栽培面积的 40%。品种资源丰富，除了采用脱毒种薯栽培外，可以利用不同海拔高度，进行就地留种和串换。

第三节　马铃薯的营养价值和用途

一、马铃薯的营养价值

马铃薯是宝贵的营养食品，营养成分丰富齐全。马铃薯块茎中含有人体所不可缺少的六大营养物质：蛋白质、脂肪、糖类、粗纤维、矿物质和各种维生素。除脂肪含量低之外，淀粉、蛋白质、维生素 C、维生素 B_1、维生素 B_2以及铁等微量元素的含量最为丰富，显著高于其他作物。

（一）蛋白质

马铃薯鲜块茎中一般含蛋白质 1.6%～2.1%，高者可达 2.7%以上，薯干中蛋白质含量为 8%～9%，其质量与动物蛋白相近，可与鸡蛋媲美，属于完全蛋白质，易消化吸收，优于其他作物的蛋白质。蛋白质中含有 18 种氨基酸，包括人体不能合成的各种必需氨基酸，例如，赖氨酸、色氨酸、组氨酸、精氨酸、苯丙氨酸、缬氨酸、亮氨酸、异亮氨酸等。

（二）脂肪

马铃薯脂肪含量较低，占鲜块茎的 0.1%左右，相当于粮食作物的 1/5～1/2。茎叶中的脂肪含量高于块茎，为 0.7%～1.0%。

（三）糖类

马铃薯块茎的含糖量较高，一般为 13.9%～21.9%，其中 85%左右是淀粉。块茎中淀粉含量一般为 11%～22%，一般早熟品种淀粉含量为 11%～14%，中晚熟品种淀粉含量为 14%～20%，高淀粉品种块茎可达 25%以上。马铃薯淀粉中支链淀粉占 72%～82%，直链淀粉占 18%～28%，淀粉粒体积大，较禾谷类作物的淀粉易于吸收。

（四）粗纤维

马铃薯鲜块茎中粗纤维含量为 0.6%～0.8%，低于荞面和玉米面，比小米、大米和面粉高 2～12 倍。

（五）矿质元素

马铃薯块茎含有钾、钙、磷、铁、镁、硫、氯、硅、钠、硼、锰、锌、铜等人体生长发育和健康必不可少的无机元素，矿质元素的总量占其干物质的 2.12%～7.48%，平均为 4.36%。马铃薯的矿物质多呈强碱性，为一般蔬菜所不及，对平衡食物的酸碱度与保持人体血液的中和，具有显著的效果。

（六）维生素

马铃薯含有多种维生素，种类之多为许多作物所不及。它含有维生素 A（胡萝卜素）、维生素 B_1（硫胺素）、维生素 B_2（核黄素）、维生素 B_5（泛酸）、维生素 B_3（尼克酸亦称烟酸）、维生素 B_6（吡哆醇）、维生素 C（抗坏血酸）、维生素 H（生物素）、维生素 K（凝血维生素）、维生素 M（叶酸）等。其中以维生素 C 含量最丰富，在鲜块茎中占 0.02%～0.04%，比去皮苹果高 50%。一个成年人每天食用 0.5kg 马铃薯，即可满足体内对维生素 C 的全部需要量。

总之，若以 5kg 马铃薯折合 1kg 粮食，马铃薯的营养成分大大超过大米、面粉。由于马铃薯的营养丰富和养分平衡，益于健康，已被许多国家所重视，在欧美一些国家把马铃薯当作保健食品。法国人称马铃薯为“地下苹果”，俄罗斯称马铃薯为“第二面包”，认为“马铃薯的营养价值与烹饪的多样化是任何一种农产品不可与之相比的”。美国农业部高度评价马铃薯的营养价值，指出“每餐只吃全脂奶粉和马铃薯，便可以得到人体所需的一切营养元素”，并指出“马铃薯将是世界粮食市场上的一种主要食品”。

需要指出的是，马铃薯块茎在发芽或表皮变绿时会增加龙葵素的含量，或有的品种龙葵素含量高，食用时麻口。在 100g 鲜块茎中龙葵素含量超过 20mg，人食后就会中毒。在块茎发芽或表皮变绿时一定要把芽和芽眼挖掉，削去绿皮才能食用，凡麻口的块茎或马铃薯制品，一定不要食用，以防中毒。

二、马铃薯的用途

马铃薯具有多种用途，它既是粮又是菜，也是发展畜牧业的良好饲料，还是轻工业、食品工业、医药制造业的重要加工原料。

（一）马铃薯是粮菜兼用作物

作为粮食作物，马铃薯具有热量高的特点，块茎单位重量干物质所提供的食物热量高于所有的禾谷类作物。因此，马铃薯在当今人类食物中占有重要地位。在我国近代对增加粮食产量，抵御饥荒和促进农业发展起到了重要作用。作为蔬菜，它具有耐贮藏和维生素C含量高的特点，是北方地区主要冬贮蔬菜品种之一。

（二）工业原料

马铃薯是轻工业、食品工业、医药制造业的重要加工原料。以马铃薯为原料，可以制造出淀粉、酒精、葡萄糖、合成橡胶、人造丝等几十种工业产品。以马铃薯淀粉为原料经过进一步深加工可以得到葡萄糖、果糖、麦芽糖、糊精、柠檬酸以及氧化淀粉、酯化淀粉、醚化淀粉、阳离子淀粉、交联淀粉、接枝共聚淀粉等2000多种具有不同用途的产品，广泛应用于食品工业、纺织工业、印刷业、医药制造业、铸造工业、造纸工业、化学工业、建材业、农业等许多部门。

（三）饲料

作为饲料作物，马铃薯单位面积上可获得的饲料单位和粗蛋白高于燕麦、黑麦、大麦、玉米和饲料甜菜。马铃薯的鲜茎叶和块茎均可做青贮饲料。

（四）绿肥

马铃薯是很好的绿肥作物。一般情况下，马铃薯每亩可产鲜茎叶2000kg，可折合化肥20kg。马铃薯为喜钾作物，从土壤中吸收的氮磷肥较少，茎叶含氮、磷、钾高于紫云英，因此是很好的绿肥作物，很受农民欢迎。

另外，马铃薯在作物轮作制中是肥茬，宜做多种作物的前茬。种过马铃薯的地，地肥草少，土壤疏松，通透性好，成为作物轮作制中良好的前茬作物。

马铃薯生育期短，播种期伸缩性大，一般只要能保证它生育日数的需要，则可随时播种，因此，当其他作物在生育期间遭受严重的自然灾害而无法继续种植时，马铃薯又是很好的补救作物。

马铃薯还是理想的间、套、复种作物，可与粮、棉、烟、菜、药等作物间套复种，可有效地提高土地与光能利用率，增加单位面积作物总产量。

三、发展马铃薯产业的意义

（一）我国马铃薯产业在世界上占有重要地位

全世界共有150多个国家和地区种植马铃薯，马铃薯种植面积约为2000万hm^2，总产量约3.3亿t。其中我国的种植面积达480多万hm^2，大体占世界的25%，亚洲的60%；总产量达7000多万t，大体占世界的20%和亚洲的70%，在世界均居领先地位。

（二）发展马铃薯产业可以有效增强我国粮食安全保障

近年来，全球气候变暖趋势日趋明显，已经对粮食生产产生重要影响。联合国有关机构发布的报告说，如果全球气温升高3.6℃，到2050年，中国的稻米将减产5%～12%，全球将会有1.32亿人挨饿。在全球粮食增产受到气候变暖威胁的同时，全球耕地面积的增加很有限，并制约着粮食产量的增加。

在过去几年里，由于农业种植业结构的调整，我国三大主要粮食作物的种植面积和总产量有所下降，且三大粮食作物的平均单产已高于世界平均水平，大幅度增产难度较大，只有马铃薯可以通过科技进步大幅度提高产量和品质。并且，马铃薯是冬作农业发展中潜力巨大的作物。据初步统计，目前全国耕地面积的近2/3，计8000万hm^2处于冬闲状态。可以利用南方冬作区和中原二季作区的冬闲田发展马铃薯生产，提高耕地复种指数，有效地扩大农作物种植面积，起到缓解人地矛盾的作用。

（三）发展马铃薯产业可以有效增加贫困地区农民收入

据有关专家介绍，如果采用新品种、新工艺，我国马铃薯的单产水平可以提高一倍以上，这就意味着可以在总播种面积不变的情况下增加产量1亿t以上，仅此一项就可增加农民收入1000亿元以上，经济效益非常可观。

我国贫困人口集中在西部地区，西北和西南10个省（自治区、直辖市）（甘肃、内蒙古、山西、陕西、青海、宁夏、云南、贵州、四川、重庆）马铃薯种植面积达到了370多万hm^2，占全国的77%。在一些不适于种植其他作物的农业边际地区，马铃薯在进一步提高产量和生产力方面具有较大的潜力。按种植面积计算，马铃薯排在水稻、小麦、玉米、大豆之后，但按单产计算，马铃薯却是水稻的两倍、玉米的3倍、小麦、大豆的4～5倍。而按生产者实现的产值计算，马铃薯分别比其他主要农作物高2.5～4倍。并且，我国现有的耕地面积中有60%以上的耕地为旱地。研究表明，在干旱、半干旱地区，谷子、荞麦、春小麦、马铃薯等主要粮食作物，如以丰水年产量为100%，各种作物在干旱年份的产量分别为谷子55%、荞麦57%、春小麦58%、马铃薯76%。马铃薯的生育期较短，再生能力强，对风、雹等自然灾害有一定的抵抗力，又是很好的救灾作物。

（四）发展马铃薯产业可以部分缓解生物能源原料匮乏问题

生物能源产业的兴起，加剧了粮食市场供需矛盾。我国已明确提出，发展燃料乙醇应重点推进不与粮食争地的非粮食作物，例如，薯类、甜高粱、甘蔗及植物纤维的原料替代。由于薯类的增产潜力较大，单位面积上乙醇产量增加的潜力也很可观，这样就可以做到在不减少粮食供给或不增加耕地的基础上，提供更多的生物能源原料。

（五）马铃薯产业具有较高的产业关联度

马铃薯变性淀粉广泛用于食品、造纸、纺织、制革、涂料、工业废水净化、农业、园艺、纺织、铸造、医疗、造纸、石油钻探及环卫等多个领域。马铃薯产品的加工具有较长的增值链条，是朝阳产业和贫困地区脱贫致富的支柱产业。

（六）马铃薯加工行业具有良好的成长性

目前，我国的马铃薯生产总量虽然在世界已处于领先地位，但马铃薯的加工利用率和增值率却非常低，产业链条短。近年来，西部和北方地区马铃薯种植及加工业发展迅速。目前，西部和北方地区的马铃薯加工业也有了一定的基础和规模，形成了加工企业为骨干、千家万户为主体的基地化栽培、社会化服务、规模化经营、产加销一条龙的马铃薯产业化格局，呈现出良好的发展势头。

马铃薯贸易具有良好的发展前景。近年来，国际市场上的马铃薯淀粉供应趋紧，2006年因全球马铃薯淀粉供需矛盾突出，导致淀粉价格在不到一个月时间每吨上涨1000多元。近年来，我国各类马铃薯产品的出口额均呈现增长势头，随着我国企业加工技术和能力的提高，马铃薯加工品的出口比重将有望进一步提高。

（七）马铃薯产业是我国为数不多的具有国际竞争力的农业产业之一

我国是马铃薯淀粉应用大国，但人均应用量仅为5kg/人年左右，与发达国家30～40kg/人年的水平差距较大。随着人民生活水平和工业发展水平的不断提高，高品质的马铃薯淀粉的生产应用量还将大幅度提高。随着各发达国家农产品出口补贴的取消，遵循市场公平竞争原则并依托雄厚资源优势的中国马铃薯加工业，将会进军欧美等国际市场，形成具有国际竞争力的、不可多得的优势产业。我国马铃薯产业具有原料资源、成本价格、市场容量等多方面的优势，发展前景广阔。

第二章　马铃薯良种现代繁育技术

第一节　马铃薯病毒性退化及防止途径

一、马铃薯退化

在马铃薯生长期间，经常出现叶片皱缩、花叶、卷叶，植株变矮，分枝减少，生长势衰退，地下部块茎变小、变形，产量逐年下降明显，一年不如一年，最后失去种植价值的现象。“一年大，二年小，三年核桃枣”就是块茎大小变化的真实写照，这种现象称为马铃薯退化。

退化究竟是什么原因造成的呢？过去很长时间都没有定论，几种学派争论不休。衰老学派认为，马铃薯长期用块茎无性繁殖是造成退化的原因；生态学派认为，马铃薯退化是高温引起的；病毒学派认为，马铃薯退化是病毒侵染危害的结果。各派学者都提出一些论据，但都缺乏足够的说服力。1955 年法国莫勒尔和马丁用退化的马铃薯茎尖分生组织，培养出完全无病毒的马铃薯植株，并使马铃薯恢复了原来的健康状态。此后，世界上才公认马铃薯退化是由病毒侵染造成的。

侵染马铃薯的病毒有 20 多种，这些病毒一旦侵染了马铃薯植株和块茎，就能造成各种不同的病态和不同程度的减产。因为马铃薯是利用块茎无性繁殖的，病毒侵染块茎后，即随块茎的种植代代相传，并在马铃薯植株和块茎中繁殖扩大。种植感染病毒的马铃薯时间愈长，病毒侵染马铃薯的机会愈多，有的植株受两种或两种以上的病毒复合侵染，病毒性退化就愈来愈严重，最后患病毒的种薯因种植后产量过低，在生产上失去了利用价值。

二、常见病毒侵染马铃薯后表现症状

目前发现侵染马铃薯的病毒有 20 多种，在我国常见的马铃薯病毒病有以下七种，侵染马铃薯后表现症状如下：

（一）X 病毒（PVX）

也称轻花叶病毒。植株患病后在小叶片上叶脉间产生黄色嵌斑。

（二）A 病毒（PVA）

也称粗缩花叶病毒。使植株小叶扭曲，叶尖出现黄色斑驳，后期叶脉下陷。与 X 病毒病状不同的是叶脉呈花叶病状，叶肉深浅色泽不均。

（三）S 病毒（PVS）

也称潜隐花叶病毒。侵染植株后表现不太明显，仔细观察可发现小叶片叶脉下陷，叶面微有皱缩，没有健株叶面平展。对 S 病毒过敏的品种，常出现古铜色叶片。

（四）M 病毒（PVM）

也称马铃薯副皱缩花叶病毒。在叶脉间呈块斑状花叶，叶片皱缩，严重时出现叶脉坏死。

（五）Y 病毒（PVY）

也称马铃薯重花叶病毒。是造成严重花叶的主要病毒，常使叶片严重皱缩，叶脉坏死或呈条斑垂叶坏死。植株变矮，不分枝或分枝很少，不能开花或开花很少。尤其是 Y 病毒和 X 病毒或 A 病毒等复合侵染（Y+X 或 Y+A）后，植株受害更严重。

（六）卷叶病毒（PLRV）

这种病毒使植株从下部开始卷叶，而后逐渐向上发展。从叶片边缘向上卷成匙形，严重时呈筒状，叶片发脆，折叠有声。这是与健株叶的区别之一。

（七）奥古巴花叶病毒（PAMV）

也称马铃薯黄斑花叶病毒。发病的叶片黄斑在叶的表面，呈鲜黄色不规则的斑块，在田间很容易区别。这种病毒也称 F 病毒或 G 病毒。

上述七种病毒在我国比较常见，尤其是 X 病毒、Y 病毒和卷叶病毒较为普遍，后两种病毒为害严重。

除病毒致病外，还有菌原质引起的马铃薯丛枝病、紫顶萎蔫病。为害严重且较难根治的还有马铃薯纺锤块茎类病毒（PSTV），也称类病毒。该病毒在一季作区的东北为害严重，值得注意。

三、马铃薯病毒的传播

马铃薯病毒病、类病毒和菌原质的传播方式有以下四种：

（一）接触传播

接触传播的方式是多种多样的，如田间枝叶交接，风吹相互摩擦，储藏、催芽、运输过程中相互接触摩擦，田间管理中的工具和人的衣服，块茎切块时的切刀等，都能通过接触病株、块茎后，再接触健株、块茎而传播。可通过接触传染的病毒有 X 病毒、S 病毒、A 病毒和类病毒等。Y 病毒可以在田间株间接触传播，据研究不能通过切刀传播。

（二）昆虫传播

传毒的昆虫很多，如蚜虫、叶跳蝉、螨、粉虱类、甲虫、蝗虫等。但传毒最主要、最普遍的是蚜虫，蚜虫中以桃蚜传毒为主，并传播持久性病毒和非持久性病毒。如 X 病毒、S 病毒、A 病毒的一些株系及类病毒等，均属非持久性病毒。蚜虫取食病株后，病毒保存在喙针上，不进入体内，再取食健株时即可通过喙针传毒。卷叶病毒为持久性病毒，在蚜虫取食病株时病毒进入蚜虫体内，最少经过 60min 之后，再食健株时才能传毒。持久性病毒须在蚜虫体内繁殖，而后经喙针传毒，不像非持久性病毒那样可在取得后瞬间传毒。

螨类、粉虱可传播 Y 病毒。咀嚼式口器害虫可传播 X 病毒和类病毒。叶跳蝉可传播绿矮病毒和紫顶萎蔫病毒。

（三）线虫传毒

线虫通过口针取食时可把病毒吸入体内，再于健株幼根取食时传入病毒。烟草脆裂病毒和番茄黑环病毒均可通过线虫传毒，马铃薯也能感染这两种病毒。

（四）真菌传毒

所谓真菌传毒，实际上是土壤中的线虫和真菌孢子传毒。真菌孢子在土壤中存活的时间因病毒的种类不同差异很大。可传播 X 病毒的癌肿病菌在土壤中可存活 20 多年。传播蓬顶病毒的粉痂病菌孢子在土壤中至少可存活一年。

四、病毒的特性

病毒是极微小的微生物，其直径一般小于200nm，只有借助电子显微镜才能看到。病毒的结构很简单，由心部的核酸和外部的蛋白质两部分组成，RNA和DNA都是病毒的基因组，决定病毒的遗传性状。病毒在细胞中增殖后，就通过细胞壁上的孔隙（叫作胞间连丝的通道），转移到别的细胞中去。有些病毒也可依靠节管细胞进行转移。因此，病毒在植物体内的运行，同营养物质的输送路线有密切关系。从叶细胞内病毒向块茎转移的时期，是在块茎形成前或在形成期。一般植株年龄越老，病毒的转移速度越慢，在叶内停留的时间越长，反之则短。植株到达老龄后，病毒就很难运输到块茎中，称为成株抗性。

植物体内有的组织，病毒是不易进入的。生长点的分生组织，在细胞没有充分分化前，病毒是进不去的。因此，马铃薯植株的生长点在一定的时期内，不存在病毒。此外，在植物的花器，特别是胚中，病毒往往进不去，因此，种子不存在一般的病毒。但不排除类病毒或菌原质体的侵入。

五、病毒对马铃薯生长发育的危害

病毒侵染马铃薯后，严重干扰了其正常的生理功能，造成退化减产。一是影响叶绿素的形成，减少了光合作用和碳水化合物的积累。二是影响激素和生长素的平衡，从而使植株及器官形态及体积出现反常变化。矮壮素是人造的一种激素，能使作物变矮，病毒也能起到这样的作用。三是细胞中都有酶，酶的合成被病毒破坏，使光合作用下合成的葡萄糖，不能全部输送到块茎里，而在叶中变成淀粉积累起来，块茎就长不大，叶子有了淀粉积累，叶子就变硬变厚。四是马铃薯自身的生长发育需要氮、磷以及糖和由糖释放的能量。病毒夺取了一部分营养，就形成了一种缺少营养的症状。还有在病毒活动过程中，细胞产生许多酚类物质，有的能使组织坏死，这样就出现坏死斑。

六、影响病毒症状表现的因素

（一）内在因素

内在因素也就是马铃薯遗传的本质，遗传本质决定了某种马铃薯品种抗不抗某些病毒病或是否有耐性。一是抗病性指病毒侵染马铃薯植株后，病毒不能在马铃薯植株内增殖，而被消灭掉。这种特性非常可贵。二是耐病性指病毒侵染马铃薯植株后，虽能增殖，但不能引起较大的损失。这种特性在生产中也是可取的。三是过敏性指病毒一旦侵入植株细胞内，细胞立即死掉，成为枯斑坏死。因为病毒只能在活的细胞内进行生命活动，具有这种特性的品种，也非常有用。四是感病性指病毒侵染马铃薯后，能在植株体内增殖，在一定的条件下表现症状。

（二）外在因素

外在因素是指营养条件、栽培管理措施和环境条件，如气温、日照、昼夜温差等。外因是通过内因而起作用的，这些条件影响马铃薯的生长发育，因此，也影响到耐病的增加和减弱。有些已退化的品种，在改变了的环境条件下，往往是可以“复壮”的，但薯块中还带有病毒，不等于脱毒。

七、防止途径

马铃薯病毒性退化是马铃薯的严重病害，侵染源主要是马铃薯的块茎。其发生条件是病毒和环境综合作用的结果。因此，采用无病种薯，创造低温环境条件是防止退化的根本途径。

（一）马铃薯茎尖脱毒

利用病毒在马铃薯体内分布不均匀的原理，采用茎尖脱毒的办法，获得无毒种薯，进行马铃薯生产，是目前最有效的、应用最普遍的防止马铃薯病毒性退化的途径。

（二）调节环境条件

病毒侵染马铃薯后，在高温条件下，加速繁殖，所以在中原春秋二季作区调整播种期，避蚜躲高温，在相对凉爽的气候条件下进行马铃薯生产，是十分有效的途径。

（三）防治传毒媒介

桃蚜、白粉虱等都是马铃薯病毒传毒的重要媒介，用药剂喷杀传毒媒介，切断毒源传播，有效降低马铃薯病毒含量，减少病毒危害，也是生产上应用普遍的、有效的途径。

第二节 马铃薯良种繁育技术

一、露地留种技术

（一）选用推广脱毒马铃薯

马铃薯退化是由于病毒侵染为害而引起的。病毒在植物组织中有分布不均匀性和靠近生长点附近病毒浓度低或不含病毒的特点，在无菌条件下，将马铃薯植株或分枝或块茎上的芽的顶部生长点切下，进行组织培养，获得脱毒苗。然后进行脱毒苗快繁，在网棚或网室内繁殖微型薯，再在条件好的地区大田繁殖两代后，进行大面积推广。由于脱毒薯脱去了病毒，使品种恢复到原选育出的产量水平，植株生长健壮，一般增产 30%～50%。脱毒薯在大田生产条件下还会遭受病毒为害而退化。一般情况下，在无保护条件的大田栽培 3 年（6 代）后，脱毒薯表现就不再增产了，所以脱毒薯应不断更新。尤其是购买调运脱毒薯，应了解脱毒薯繁殖代数，以免引入退化了的脱毒薯，造成减产。

（二）掌握蚜虫迁飞规律，调整播种期、收获期，避蚜躲高温

蚜虫种类繁多，传播马铃薯病毒的主要是桃蚜。蚜虫于 4 月下旬由第一寄主（越冬寄主）向第二寄主（马铃薯、蔬菜等）迁飞。5 月底 6 月上旬在第二寄主间扩散。为了防止蚜虫传毒，除对马铃薯留种田进行定期喷药防治外，应调整播种期、收获期，春季早种早收，秋季适时晚播，避开蚜虫迁飞高峰，躲过高温，以免蚜虫为害传毒，以及马铃薯染病感毒后，因高温病毒繁殖导致马铃薯体内的病毒浓度增加，加速马铃薯病毒性退化。根据多年试验结果及生产实践证明，春季种薯催芽后，以 2 月下旬至 3 月初播种，5 月底收获为宜；秋季整薯浸种催芽后以 8 月 15—20 日播种为宜。其他地区应根据当地条件进行调整。

（三）拔除病株，消除毒源，防蚜传毒

田间感染病毒退化植株是病毒传播的毒源。桃蚜为害吸食感染病毒的植株，终身带毒传播。蚜虫在田间迁飞扩散后，为害健株，健株即感染病毒。所以，马铃薯出苗后，发现

病毒性退化植株，应及时拔除，消灭毒源。中后期拔除病株时，还应将病株上结的块茎同时刨净，并进行处理，切勿入窖储藏。留种田出苗后应坚持每 7 天喷药 1 次防治蚜虫，以防止蚜虫传毒为害。

（四）选健株留种

不同品种对病毒的抗性差别极大，而同一品种植株个体间对病毒的感染轻重、有无发病程度也不一样。选健株留种是农民多年来防止马铃薯病毒性退化总结出来的保种经验。据试验，选种较不选种退化指数降低 12.8%，效果非常显著。种薯田用种，以株系选种或单株混选效果好，要坚持年年选、季季选，才会有显著效果。生产田用种，留种田应拔除病株、杂株后留种，或采用地块选，拔除退化株、病株、杂株后留种，供大田生产用种。此方法简单易行，效果良好。

（五）整薯播种

秋季马铃薯播种正遇 8 月高温、高湿的雨季，切块播种常常出现烂块、死苗和严重缺苗，造成减产或绝收。经试验采取小整薯播种不仅解决了长期秋季烂块死苗的问题，提高了马铃薯产量，还可以杜绝某些病毒、病害借切刀途径传播，如 X 病毒、S 病毒、A 病毒、纺锤块茎类病毒（PSTV）、环腐病、青枯病等。整薯播种要求采用 50g 左右的经过株选、健康、不退化、无病的早收小整薯。整薯播种出苗晚，播种前应进行赤霉素（九二〇）浸种催芽，保证出苗早、整齐。另外，增施有机肥、增加密度、高垄培土、小水勤浇、安全储藏等，对防止退化，实现就地留种，都有一定的效果。为了防止马铃薯病毒性退化，保持良好的种性，应建立种子田，全部落实上述技术措施，保证就地留种的质量，这样大田生产才会稳产、高产。

二、阳畦留种技术

利用早春阳畦生产小整薯，再进行秋播留种，是二季作地区一种主要留种方法。利用阳畦生产种薯的季节温度低，既可避开蚜虫为害传播，又没有其他虫害活动为害，可保持种薯质量。阳畦繁殖于 4 月底 5 月初收获种薯，8 月中旬秋播时，种薯休眠期已度过，一般就不必浸种催芽了。由于阳畦生产播种密度高，生产出的块茎小，符合秋季整薯播种要求。因此，应大力提倡阳畦留种。一般 $60m^2$ 左右的阳畦生产出的小整薯可供秋繁 1 亩使用。

（一）建阳畦

阳畦应建在背风向阳处，东西向，便于采光。阳畦北墙高 100cm，东墙、西墙高 120cm，呈龟背形（如图 2-1 所示），长度根据繁殖量及地形而定。阳畦墙建好后，在东西墙最高处架直径 5cm 左右的竹竿做梁，每隔 300 ~ 400cm 用一根木棍做顶柱，每隔 100cm 搭一根竹板。建阳畦应在 11 月下旬进行，并备好 4m 宽的塑料薄膜，4m 宽的 40 目尼龙纱，4m 长的草苫等。

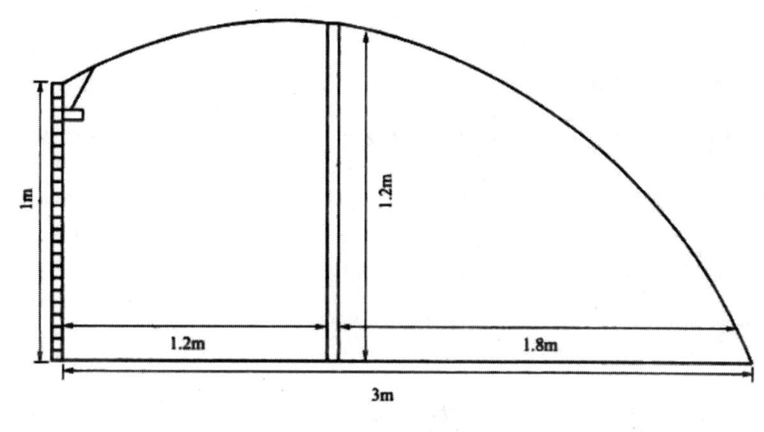

图 2-1　阳畦规格

（二）整地施肥

阳畦内土壤干旱应浇水，然后 1m^{2}施入腐熟的农家肥 10kg、复合肥 40g。将肥料均匀施入后，深翻 20cm，把土壤与肥料充分掺匀耙平，以备播种。播种前 1 周左右，阳畦应加盖塑料薄膜，晚上再加盖草苫，以提高地温，当 10cm 深处地温达到 6℃以上时即可播种。盖塑料薄膜前为了防治潜入阳畦内越冬的蚜虫，可用 10%吡虫啉 2500 倍水溶液普遍喷洒 1 次。

（三）催芽

阳畦播种用的种薯应是经过株选秋薯或是脱毒薯原种。播种前 20 ~ 25d，切块后用 0.5mg/kg赤霉素（九二〇）浸种 10min，晾干后催芽，温度以 18 ~ 20℃为宜。

（四）密度

阳畦播种高度密植，以获得大量的小薯块，供秋季整薯播种使用。采用 80cm 一垄，每垄播双行，株距 10cm，每亩密度为 16 668 株。

（五）播种

1 月底 2 月初，选择无风的晴天播种，按宽行 50cm，窄行 30cm 开沟。深 8 ~ 10cm，播种后覆土成垄，每垄双行。及时盖塑料薄膜，四周压严压牢，晚上盖草苫防寒保温，白天揭去草苫提高阳畦温度。

（六）管理

春分后天气转暖，阳畦内温度较高，应注意通风和盖草苫的管理。白天保持阳畦内 25℃左右，夜间温度不超过 14℃。清明后应逐渐加大通风量，待植株锻炼后，揭去覆盖的塑料薄膜，喷药防治蚜虫；然后用 40 目的尼龙纱覆盖，防止有翅蚜飞入阳畦为害传毒。根据墒情，可适当浇水。

（七）收获

以 4 月底 5 月初收获为宜。发现病株、退化株、杂株应另外刨收，以保证阳畦生产种薯的纯度和质量。

（八）阳畦薯秋繁

阳畦薯由于收获早，8 月中旬播种，种薯已度过休眠期，并生出短壮芽，不必再进行赤霉素浸种催芽。秋播时应根据薯块大小分级播种，以确定不同的播种密度。对于过小的薯块，应加大密度，加强肥水管理，以利于早发棵，争取产量。其他管理与二季栽培秋繁技术一样。整个阳畦留种程序如图 2-2 所示。

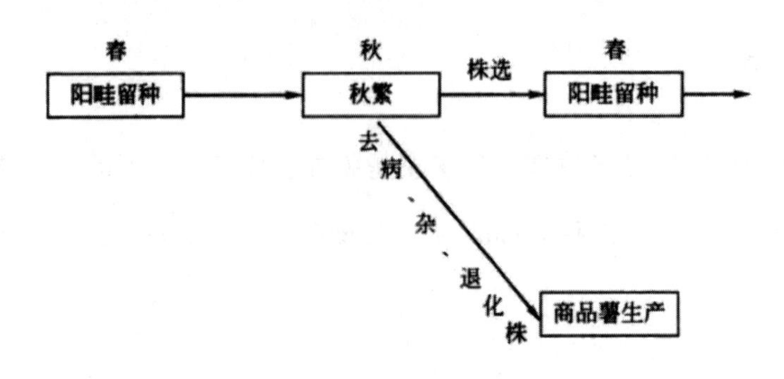

图 2-2　阳畦留种示意图

三、连续秋播留种技术

连续秋播就是秋季收获的种薯，第二年春季不播种，经过越夏储藏到秋季再进行播种，所以称为连续秋播，也称隔季秋播。

连续秋播病害轻。因为有些块茎感病后，病害呈潜伏状态，病状未表现出来，经过长期储藏，尤其是越夏储藏，温度较高，适宜各种病害发生发展，凡染病的薯块，重者腐烂，轻者表现出症状，起到了淘汰病害的作用。连续秋播病害少，退化轻，生产出的种薯后代产量高、种性好。因为连续秋播，使马铃薯的结薯期处于秋季的凉爽季节，适宜马铃薯生长发育。另外，秋季蚜虫少，为害较春季轻。

连续秋播留种病害轻，退化轻，后代产量高，技术简便易掌握。但是，连续秋播表现早衰，当代产量低。因为种薯经过长期储藏，休眠期度过后，芽眼自然萌动出芽，消耗了大量的养分和水分，种薯萎蔫衰老。播种后出苗早，生长发育快，生长瘦弱，结薯早，后期早衰，成熟早，产量低。另外，马铃薯播种量大，储藏时间长，大量储藏场所不好解决，限制了这一留种技术的发展。上述不足之处，只要改进储藏方法，加强栽培技术管理是可以克服的。连续秋播应突出抓好下述五个技术环节：

（一）精选种薯

秋薯收获，应进行株选，并进行薯块选，以 50～100g 为宜，减少病害及储藏期损耗。

（二）种薯储藏管理

春季 3 月以后，温度逐渐升高，种薯休眠期已过，块茎芽眼萌动发芽，应及时将种薯摊放在散光条件下的室内地上或分层架藏，厚 2～3 层（薯块）。储藏室要保持干燥、通风，及时挑拣出病薯、烂薯。储藏室一定要散光，黑暗环境条件下，芽易徒长，光对芽有抑制作用。

种薯经过长时间储藏，块茎发芽，消耗了大量的养分和水分，种薯表现萎蔫发软，这是正常的生理现象。但是，有部分种薯芽生长纤细或不发芽、种薯不萎蔫或萎蔫轻而发硬，这往往是病薯或退化薯，应予淘汰。

（三）适时晚播

播种后出苗早，一般情况下较二季栽培留种的早出苗 10d 左右。出苗后生长发育快，往往形成过早成熟，早衰产量低，所以应适当晚播。在正常的情况下，应较二季栽培秋播的晚 10d 左右，即在 8 月 20—25 日播种为好。

（四）适当增加密度

连续秋播植株生长瘦弱，棵小，早衰，产量低。为争取单位面积上的群体产量，可适当缩小行株距增加密度，以行距 50cm、株距 15cm，每亩 8889 株为宜。

（五）增施肥料，加强管理

底肥要充足，要求每亩施优质农家肥 5000kg、复合肥 25kg，以满足生长发育对养分的需求。出苗后早追速效性氮肥，结合小水勤浇，促进地上部茎叶迅速生长，形成繁茂的枝叶，防止早衰降低产量。连续秋播留种程序如图 2-3 所示。

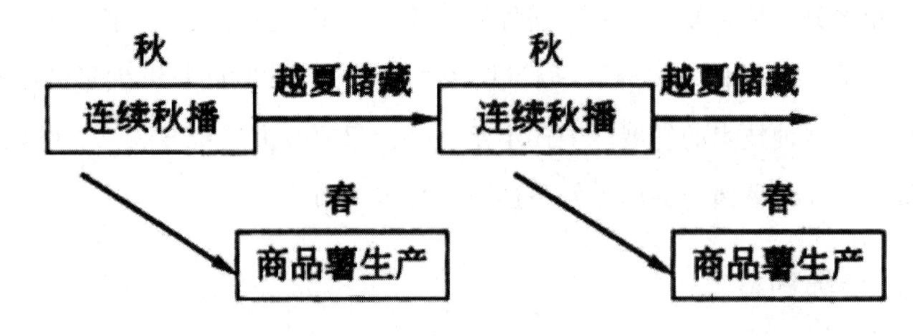

图 2-3　连续秋播留种示意图

第三节　马铃薯脱毒及脱毒种薯繁育

一、马铃薯茎尖脱毒原理

在感染病毒的马铃薯植株体内，病毒的分布并不均匀，越靠近分生区的部位，病毒的含量越低。这是因为病毒通过维管束和胞间连丝进行传播，在植株分生区内维管束暂未成形，病毒扩散慢，加之植物细胞不断分裂增生，所以病毒含量极少，在分生区的生长点几乎检测不出病毒，因此，切取的茎尖越小越好，切取的茎尖通过培养基培养、分离、检测无毒后进行扩大繁殖。

（一）材料选择

茎尖组织的培养目的是脱掉病毒，而脱毒效果与材料的选择关系很大。马铃薯品种发生病毒性退化，植株间感染病毒轻重、有无，往往差别很大，感染病毒重的常常是病毒复合侵染，如有的被 X 病毒和 Y 病毒侵染或 3～4 种病毒侵染。感染病毒轻的可能被一种病毒侵染，还有的接近健康的植株。所以在选择脱毒材料时，除应选取具有该品种典型性状的植株外，还要选取植株中病症最轻的或健康的植株。

选取的这些植株做茎尖培养时，可直接切取植株上的分枝或腋芽进行茎尖剥离培养，也可取这些植株的块茎，待块茎发芽后剥取芽的生长点（生长锥）进行培养。不论取材健康程度如何，都应在取用前进行纺锤块茎类病毒（PSTV）及各种病毒检测，以便决定取舍及对病毒的全面掌握。在病毒检测时有的品种在种植过程中因感病毒机会少，或种植时间短，可能有的植株无病毒，仍保持健康状态，经检测后确定无病毒，即可作为无病毒株系扩大繁殖，免去脱毒之劳。

（二）病毒检测

病毒检测分茎尖培养前检测及培养成苗后检测。

1. 茎尖培养前检测

目前生产上推广的品种，或多或少有被马铃薯纺锤块茎类病毒侵染的可能。作为茎尖培养的材料，首先用聚丙烯酰胺凝胶电泳法对纺锤块茎类病毒进行检测，发现有此病毒存在，应坚决淘汰。因为茎尖脱毒一般不能脱去此种病毒。只有在无纺锤块茎类病毒时，才对其他病毒检测。可用血清法、电镜法、生物指示植物等方法，检测材料带病毒种类，进行登记编号，培养后再进行检测。

2. 培养成苗后检测

利用生长点培养成的小苗，必须进行严格的病毒检测，确定不存在病毒时，方可进一步扩大繁殖。在茎尖脱毒培养时，通常剥离数百个茎尖，因为利用生长点培养出的无毒苗其成活率和脱毒率非常低。病毒只是在很小的分生组织部分才不存在，但剥离茎尖往往过大，可能带有病毒部分。因此，病毒检测是不可缺少的重要环节。病毒检测可用抗血清法（简单易行，可重复多次）。生物鉴定灵敏度高，结果精确可靠。实践证明，侵染马铃薯的 X 病毒和 S 病毒最难脱掉。茎尖培养后，凡脱去 X 病毒和 S 病毒的，其他病毒也会脱掉。当然，原来不带 X 病毒和 S 病毒的，应当带什么病毒检测什么病毒。在生产上常见的病毒、最容易脱掉的是卷叶病毒（PLRV），最难脱掉的是S病毒（PVS）。根据脱毒难易可排列为PLRV<PVA<PVY<PAMV<PVM<PVX<PVS。

病毒检测可按照《脱毒马铃薯种薯（苗）病毒检测技术规程》（NY/T 401—2000）进行。

（三）培养基制备

1. 培养基成分

（1）大量元素

硝酸钾19 000mg/L，硝酸铵1750mg/L，氯化钙440mg/L，硫酸镁370mg/L，磷酸二氢钾170mg/L，硫酸亚铁27.8mg/L，乙二胺四乙酸钠37.3mg/L。

（2）微量元素

硫酸锰22.3mg/L，硫酸锌8.6mg/L，硼酸6.2mg/L，硫酸铜0.025mg/L，碘化钾0.83mg/L，氯化钴0.025mg/L，钼酸铵0.25mg/L。

（3）有机成分

腺嘌呤5mg/L，甘氨酸2mg/L，肌醇100mg/L，烟酸0.5mg/L，维生素$B_1$0.01mg/L，维生素$B_6$0.5mg/L，吲哚乙酸1mg/L（或1～30mg/L），6-苄基腺嘌呤1 mg/L（或0.04～10mg/L），蔗糖30 000mg/L，琼脂80 000mg/L，最后调整pH值至5.7。

2. 配制方法

（1）大量元素配成10倍母液

用1000mL的容量瓶加入蒸馏水300mL，而后加入一种元素，溶化后再加入另一种元素溶化。依次加入硝酸钾19g、磷酸二氢钾1.7g、硝酸铵17.5g、硫酸镁3.7g，全溶解后加蒸馏水至500mL，再加氯化钙4.4g，溶解后加蒸馏水至1000mL，即成10倍母液。用时每配1000mL培养基，吸取母液100mL，即等于每升中各元素的需要量。

配制10倍母液，也可把每种元素各溶解在1个100mL的容器中，全溶化后倒在1000mL的容量瓶中，定容为1000mL，溶解和定容全用蒸馏水。母液配好后，不用时放在冷凉处或放在冰箱中不会结冰的部位保存。

（2）铁盐配成100倍母液

将硫酸亚铁2.78g溶解在100mL蒸馏水中。将3.73g的乙二胺四乙酸钠溶在100mL蒸馏水中，加热溶化后把硫酸亚铁溶液倒入混合，冷却后倒入容量瓶中加蒸馏水至400mL，调整pH值至5.5。用时每配1000mL培养基吸取母液4mL加入。

（3）微量元素配成100倍母液

用100mL的容量瓶加入50mL的蒸馏水，分别加入硫酸锰2.23g、硫酸锌0.86g、硼酸0.62g、碘化钾0.083g、硫酸铜0.0025g、氯化钴0.0025g、钼酸钠0.002 5g，一种溶解后再加另一种，全溶解后加蒸馏水至100mL，即成为100倍母液。每配制1000mL培养基，吸取1mL母液加入即可。

（4）有机成分配成100倍母液

用100mL的容量瓶加入50mL的蒸馏水，先用少量热水将0.5g腺嘌呤溶解后加入瓶中。用1mol/L盐酸少许将0.2g的甘氨酸溶解，把易溶于水的肌醇10g、烟酸0.05g、维生素$B_1$0.01g、维生素B_6 0.05g、吲哚乙酸0.1g、6-苄基腺嘌呤0.1g，分别溶解于上述容量瓶中，加蒸馏水至100mL即成100倍的母液。每配1000mL培养基，取出母液1mL加入即可。

母液配好后，然后配制培养基。配制1000mL培养基可装φ2cm×15cm试管100个（每管10mL）。用1000mL的容量瓶，加入750mL蒸馏水，再加需要量的蔗糖30g、琼脂8g，加热溶解。待温度下降到40℃时，按配1000mL培养基将各种母液的用量分别加入，然后加入蒸馏水至所需量，充分搅拌均匀，然后用1 mol/L的氢氧化钠或盐酸调整pH值至5.8，而后装入试管内（每管10mL）进行高压消毒。

（5）高压消毒

高压消毒时压力上升到5000Pa时，打开气阀，放出冷气，然后关阀，待压力升到10 600Pa时，保持15～20min，即可灭菌。消毒时间不宜过长，以免培养基发生变化。灭菌后的试管放在无菌室内供茎尖培养或脱毒苗繁殖用。

（四）茎尖培养方法

1. 无菌室消毒

剥取茎尖是在无菌室内超净工作台上进行的。为了防止杂菌感染，应对无菌室消毒。用5%的石炭酸水喷雾消毒，并用紫外线灯照射0.5h以上。关灯20min后工作人员方可入室（开关应设在无菌室外），以防影响人身健康。超净工作台应事先打开，0.5h后工作。工作人员进入无菌室前，应将手表、手镯、戒指、项链等放在室外，换上消毒工作服、鞋、帽和口罩。把手和手腕用肥皂洗净后才能进入无菌室，并用75%的酒精棉球擦拭手和工作台的各种用具，而后开始工作。

2. 脱毒材料消毒

剥取茎尖可用植株分枝或腋芽，但大多采用块茎上发出的嫩芽，因为植株的腋芽不易彻底消毒，容易污染。块茎幼芽长4cm左右，幼叶未开展时切取（不可切用老芽，老芽易分化为花芽），对切取的芽段，先进行消毒。把芽段放入烧杯中，用纱布把口封住，放在自来水池中冲洗30min，取出后在75%的酒精中蘸一下，放入5%的次氯酸钠溶液中浸20min，再用蒸馏水冲3～4次，即可拿到无菌超净工作台上剥取茎尖。

3. 剥离茎尖

在超净工作台上，将芽段置于30～40倍的双目解剖镜下，用解剖针一层一层地小心剥去顶芽的小叶片，待露出1～2个叶原基的生长锥后，用解剖刀把带有1～2个叶原基的生长锥（0.2～0.3mm）切下，立即接种到试管内营养基上，每个试管只接种1个茎尖，并在试管上编号，以便检查。接种完后应登记接种时间、品种、管数、原茎尖带病毒种类等。

剥离茎尖、接种使用的解剖刀、解剖针等要求严格消毒。一般都配备两套，放酒精杯中，用时取出，用后在酒精灯上烧一下，然后还放酒精杯中，剥离1个茎尖应换1次解剖刀和解剖针，轮流使用，严格消毒，防止杂菌污染。

4. 茎尖培养

接种茎尖的试管，应放在培养室内进行培养，培养室温度保持在20～25℃，光照强度3000lx，每天16h，以日光灯作为光源。两周后茎尖生长点便明显增长变绿。随着茎尖的增长，45d后根据情况将其转移到新的无调节剂的培养基上，茎尖便可逐渐生长成新的小苗。

待小苗长到4～5节时，进行单节切段接种到三角瓶内培养基上，注明编号。经过30d左右再把三角瓶内的小苗单节切段接种到3～4个三角瓶中培养基上。待苗长高10cm左右，直接取2～3瓶进行病毒检测，或栽入温室进行病毒检测。留1瓶（同样编号）保存在培养室内。经病毒检测确定不带任何病毒，方可确定为无毒苗，才能加速快繁利用。凡检测出有病毒的茎尖小苗应坚决淘汰，同时将培养室保存的同样编号的茎尖苗也立即淘汰。

茎尖培养可分两个阶段进行，第一阶段用MS培养基加赤霉素0.1mg/L、6-苄基腺嘌呤0.05mg/L、萘乙酸0.1mg/L的培养基，培养2～3周后茎尖明显增长，转入第二阶段培养；第二阶段，把茎尖转入 MS 培养基上，不加任何生长激素，保持温度 20～25℃，光照强度 3000lx，经 1～2 个月逐渐长成小植株。

5. 茎尖培养中应注意的几项技术

（1）茎尖接种后生长锥不生长或生长锥变褐后死亡。这是因为在剥离茎尖时生长点受伤，接种后不能恢复而死亡。所以，在剥离茎尖时一定细心，解剖针尖不能碰伤生长点。

（2）培养过程中茎尖生长缓慢，接种 1 个月只一点绿色，而不生长。这是培养基萘乙酸浓度不够，应转入萘乙酸含量加大到 0.5mL/L 以上的培养基上，并把温度提高到 25℃左右，促进茎尖生长。

（3）生长锥生长基本正常，茎尖基部出现愈伤组织或不生根，这时应把茎尖转入无生长激素的培养基上，并将室温降到 18～20℃，以促进根的分化。

（4）茎尖愈小形成愈伤组织的概率愈大，分化成苗的时间愈长，一般须经过 4～5 个月。切的茎尖 0.2～0.3mm 长，成苗的时间约 3 个月，因品种不同而有差别，有的须经 7～8个月才能成苗。形成愈伤组织后分化出的苗，往往发生遗传变异。这种茎尖苗应通过品种典型比较，证明没有变异才能按原品种应用推广。

二、茎尖脱毒技术介绍

（一）热处理

感染了病毒的植株或块茎幼芽，在切芽前进行热处理，可以提高脱毒效果，特别是那些单靠组织培养难以脱除的病毒。这种生长点能在培养基上很快生长。1949 年克莎尼斯用 37.5℃高温处理患卷叶病毒的块茎 25d，种植后没有出现卷叶植株。山西省农科院高寒作物所 1981 年用 37℃高温处理 S3012 品系的块茎，处理 20d 全部植株未出现卷叶病，而处理 15d 卷叶病株为 19%，未处理的卷叶病株为 100%。因为高温处理能钝化（失活）卷叶病毒。1973 年麦克多纳在茎尖培养前，对发芽块茎采取 32～35℃的高温处理 32d，脱去了 X 病毒和 S 病毒。1978 年潘纳齐奥报道，将患有 X 病毒的马铃薯植株于 30℃下处理 28d，脱毒率 41.7%，处理 41d 脱毒率为 72.9%，未处理的为 18.8%，证明高温处理患 X 病毒的植株时间越长，脱毒率越高。

（二）药剂处理

药剂可以抑制病毒的繁殖，有助于提高茎尖脱毒率。嘌呤和嘧啶的一些衍生物如 2-

硫脲嘧啶和8-氮鸟嘌呤等能和病毒粒子结合，使一些病毒不能繁殖。用孔雀石绿、2，4-D和硫脲嘧啶等加入培养基中进行茎尖培养时可除去病毒。1951年汤姆孙在培养基中加入4mg/kg的孔雀石绿，脱掉了马铃薯Y病毒。1961年卡克用0.1mg/kg的2，4-D加入培养基中，培养茎尖时，得到了无X病毒和S病毒的植株。1982年克林等报道，在培养基中加10mg/L病毒唑培养马铃薯茎尖时，80%去掉了X病毒。1985年瓦姆布古等用不同浓度的病毒唑处理3～4mm马铃薯茎尖（腋芽）20周，除去了Y病毒到S病毒，其中用20mg/L病毒唑加入培养基中，可脱掉Y病毒85%，脱去S病毒90%以上。

（三）切取茎尖的大小

对马铃薯的茎尖脱毒培养，目前仍以高温处理后切取茎尖为主。茎尖的大小与茎尖的脱毒率、成活率有密切的关系。培养的茎尖越小，成活率越低，而脱毒率则越高。特别是X病毒和S病毒，切取的茎尖越小，脱毒率越高，上述两种病毒靠近生长点，比较难脱除。马铃薯茎尖脱毒，以切取0.1～0.3mm长含有1～2个叶原基的脱毒效果较好。切取的茎尖小，不含叶原基，在培养过程中往往产生愈伤组织。从愈伤组织中分化出的苗，常发生遗传变异，这种茎尖苗应通过品种典型性比较，证明没有变异才能按原品种应用。

（四）超低温茎尖脱毒培养技术

超低温茎尖脱毒基于超低温疗法（依据超低温保存对细胞的选择性破坏的原理）结合组织培养和病毒检测技术达到脱毒的目的。常用的冷源有干冰（-79℃）、深冷冰箱、液氮（-196℃）及液氮蒸汽相（-140℃）。现在常用液氮做冷源。21世纪初期，研究人员通过光学显微镜观察发现，液氮中的超低温能杀死含较大液泡的细胞，而增殖速度较快的分生组织含的水分少，胞质浓，抗冻性强，不宜被冻死，这样顶端分生组织细胞得以保存下来。这样超低温处理过的植株再生后可能是无病毒的。在超低温条件下，细胞的全部代谢活动近乎完全停止，大大减慢甚至终止代谢和衰老过程，此时茎尖分生组织的分化程度小，在超低温保存后的再生过程中，比其他细胞培养物的遗传性稳定，具有独特的优越性。此外，超低温茎尖脱毒技术脱除植物病毒不但避免了切取茎尖过程的操作困难，免除了在切取分生组织时由于时间过长和多酚的氧化而导致的茎尖黑化问题，而且脱毒率高，具有传统方法无可比拟的优点，因而受到广大科研工作者的喜爱。但是由于这是新兴的技术，发展历史还很短，成功案例还很少，许多问题，如具体材料适用的低温处理方法、低温引起的脱毒效果、遗传和表观遗传现象等，尚须进一步研究。

（五）综合技术

除上述单一技术处理外，也可利用综合技术处理，茎尖脱毒的效果会更好，如高温热处理与微茎尖脱毒培养技术、高温热处理与微（体）茎尖嫁接培养技术、化学处理与茎尖脱毒培养技术、愈伤组织热处理与化学处理配合等。

三、扩繁脱毒苗生产微型薯

茎尖培养只能得到数量较少的脱毒苗，如何把这些无毒的试管苗迅速大量地扩大繁殖，然后用这些无毒苗生产出无毒种薯，是马铃薯脱毒种薯生产的重要环节。侵染马铃薯的病毒从体内除去，并不是一劳永逸的。试验表明，脱毒苗重新感染病毒退化的速度，比未脱毒前该品种的退化速度更快，这就是说脱毒的马铃薯在以后的繁殖、生产中，仍会受病毒的侵染而丧失其使用价值。因此，需要在种薯的扩繁中始终注意不受或少受再侵染。

（一）脱毒苗切段繁殖

切段繁殖速度快，且安全，完全避免了所有病毒的再侵染。具体操作在无菌条件下的超净工作台进行，将茎尖培养的试管脱毒苗按每段一个叶节切段，转移到三角瓶的培养基上，每瓶接种 4～5 个切段。然后放在培养室内培养，保持温度在 25～28℃之间，光照在 2000～3000lx，光照 16h。茎段 2～3d 就能长出新根，叶腋处萌生出小的芽，27～28d 就可长成健壮的小苗。然后可以继续进行切段繁殖。为了培育出壮苗可在 MS 培养基中增加 B9 或 CCC10mg/L。在正常的情况下，试管脱毒苗切段繁殖很快，如按每瓶 5 株苗计算，每株苗每次切 5 节繁殖，半年可繁殖 15 625 株。

一般脱毒苗繁殖用的培养基仍为 MS 培养基，不过不像茎尖培养时对培养基要求得那样严格。为了降低成本，有的把培养基中的有机成分和微量元素酌情减少，只有大量元素和少量微量元素，如用硝酸钾（或氯化钾）、硫酸铵、硫酸镁、氯化钙、氯化钴、硫酸亚铁、乙二胺四乙酸钠等，用量不变。还有的把蔗糖改为食用白糖，0.8%的琼脂减为 0.5%等。这样可以降低培养基成本。不过要注意苗情变化，短时间苗无明显变化，时间长了某些品种会出现幼苗生长细弱不良现象。发生这种现象时，应立即改用全成分的培养基，并适当增加萘乙酸和 6-苄基腺嘌呤等生长调节剂，使脱毒苗健康生长。

长期保存试管脱毒苗，不仅不应减少 MS 培养基成分，还应加入 4%的甘露醇等。用于生产试管苗（微型薯）的培养基也不能减少培养基的成分，还应加入 0.1%～0.5%的活性炭，有利于培育壮苗和块茎生长。

（二）生产无毒小薯

1. 扦插茎段繁殖法

脱毒苗应移栽在防虫的温室（网室）内，移栽脱毒苗的土壤要疏松、通气良好。一般用草炭、蛭石、珍珠岩、粗沙和腐熟的马粪做基质，并在高温消毒后使用。为了补充基质中的养分，在制备时可掺入必要的营养元素，如 1m^{3}基质可加入 1kg 三元素复合肥，必要时还可喷施磷酸二氢钾及铁、镁、硼等微量元素。基质可装入培养箱中，脱毒苗移栽前把基质用水浇湿。试管苗移栽时，应将根部带的培养基洗掉、洗净，以防霉菌寄生为害。按行株距 5cm×3cm 移栽，栽后将苗基轻压滴水浇苗，然后用塑料薄膜保湿，一周后苗成活后去膜进行管理。温室（网）保持温度不超过 25℃。移栽成活的脱毒苗可以用作切段扦插的基础苗。

待基础苗长到 6～7 片叶时，按两叶节切段进行扦插。剪切时基础苗应留两片叶段以便重新生出分枝进行第二次剪切，每次剪切均以此法进行。扦插在培养基上行距 5cm，株距 3cm。管理方法同基础苗一样，营养不足可喷些营养液，这样繁殖方法简便，成本低。基础苗的苗龄及健壮程度对扦插成活率有较大影响，苗龄小、健壮的小苗，扦插成活率高。扦插一周后就可生根生长。基础苗太老，茎段扦插后叶子变黄、腋芽不易萌芽，往往变成小的气生块茎。扦插茎段成活后 45～60d 收获一茬薯块。扦插茎段繁殖法的整个过程如图 2-4 所示。

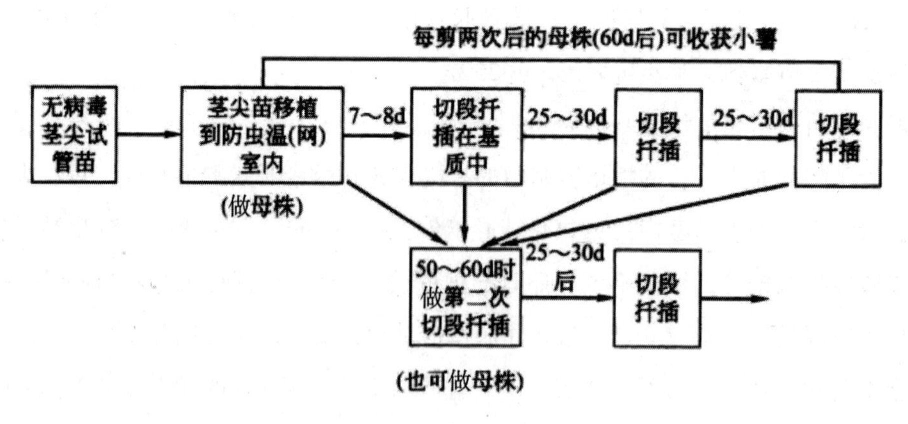

图 2-4　扦插茎段繁殖法

2. 脱毒苗繁殖法

把大量繁殖的试管苗移栽在防虫网室（棚），生产小的脱毒块茎，供进一步扩大繁殖用。在网室内繁殖由于透光性差、透气性差、湿度大，往往脱毒苗成活差，脱毒苗成活后生长瘦弱，造成产量低，成本高。脱毒苗的移栽、管理等方法同扦插基础苗方法。

上述两种繁殖方法必须在无虫传毒的条件下进行，以防病毒在繁殖脱毒小薯时再侵染，所以在温室或网棚（室）栽前及管理中，都应经常喷药防蚜。

3. 诱导试管薯繁殖法

在二季作地区，夏季高温高湿时期，温（网）室的温度常在30℃以上，不适宜试管脱毒苗的移栽和切段扦插繁殖小块茎（微型薯），但可以将试管脱毒苗在室内进行暗培养或短光照处理，调整培养基后，就能诱导出试管薯。试管薯虽小，但可以取代试验苗的栽培。这样就可以把试管苗培育和试管薯生产，在二季作地区结合起来，一年四季不断生产脱毒苗和试管薯，对于加速无毒薯生产非常有利。诱导试管薯，开始仍用MS培养基生产脱毒苗，而后分两步进行试管薯诱导（如图2-5所示）。

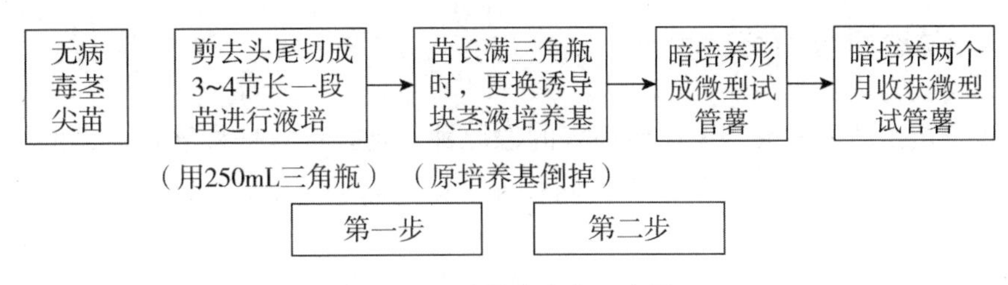

图2-5 试管薯生产示意图

（1）培养健壮的试管苗

试管苗越粗壮，形成的试管薯越大。因为暗培养的植株，在完全遮光下生长，不能进行光合作用，全靠试管苗本身储存的养分转化成小块茎。培养壮苗是把脱毒苗切去顶部和基部，把长3～4节的茎段放入液体培养基中培养。液体培养基采用MS加6-苄基腺嘌呤1 mg/L、萘乙酸0.1mg/L、活性炭0.15%、蔗糖3%，不加琼脂，在三角瓶中做浅层液体静止培养。培养室保持20～25℃，光照16h，光照强度2000lx以上。茎段培养3d后生出腋芽，1个月左右瓶内长满小苗，即可转入暗培养。

（2）诱导试管薯

试管薯的诱导是在暗培养的生长箱中或有空调的暗培养室中进行的。暗培养用的培养基是MS加矮壮素500mg/L、6-苄基腺嘌呤5mg/L、蔗糖8%、活性炭0.5%的液体培养基。pH值为5.8。

暗培养需要在无毒室内超净工作台上更换培养基，以防污染。把原液体培养基倒掉，加入诱导培养基，封口后放入暗培养室中培养。暗培养室温度保持在18～20℃，5d后即有试管薯出现，两个月即可收获。

250mL 的三角瓶放入 4～5 个茎段，每瓶可收获 30～60 个试管薯。试管薯是有腋芽形成的，结薯多少、大小与苗的健壮程度和品种有关。试管薯一般直径 5～6mm，重 60～90mg。早熟品种的试管薯休眠期比大田生产的块茎长 30～40d。

四、建立脱毒薯良种繁育体系

马铃薯用块茎作为繁种材料，用量大，繁殖系数低，病毒侵染退化快。为使脱毒薯尽快在生产上应用，必须建立脱毒薯快繁良种体系，使脱毒的优质种薯源源不断地供给农民种植，使马铃薯产量水平进一步提高。建立脱毒薯良繁体系，从原原种开始生产，进一步大量生产原种和良种。

（一）脱毒原原种繁殖生产

利用脱毒苗生产无病薯、无任何病害的原原种，是脱毒薯良种繁育体系的核心环节。目前最经济有效、速度最快的方法是用脱毒苗在温（网）室中切段扦插繁殖法，其优点如下：

1. 节省投资

脱毒苗切段扦插繁殖在温（网）室中进行，不需要大量的三角瓶、培养基和大面积的培养室，因此，大大降低了生产原原种投资，降低了成本，提高了无病毒原原种生产的效益。

2. 繁殖速度快

脱毒苗移栽温（网）室成活后，切段扦插繁殖速度快。小规模生产原原种，利用 20 瓶（100 株苗）脱毒苗移栽到温（网）室做母株基础苗进行切段扦插。每 25～30d 切段繁殖 1 次。幼苗 7～8 节时按每 2 节为一段剪切下扦插，基础苗 1 节 1 叶（或 2 节 2 叶），使基础母株继续生长。母株剪 2 次后 60d 左右即可收获种薯。按每株平均剪 3 个节段，每段 2 个节，在二季作地区一般从 9 月中旬开始扦插，至翌年 5 月中旬，每个脱毒苗可连续繁殖 8 次。100 株基础母株可繁殖 1 368 300 株。按每株结 2 个小薯计算，可生产出小薯（原原种）2 736 600 块。每亩种植原原种 10 000 株，可播 273 亩，每亩产量按 1500kg 计算，可生产原种 408 500kg。

3. 方法简便，易掌握

切段扦插时把顶部茎段和其他茎段分开，分别放入生根剂溶液浸 15min，而后扦插。也可用 100mg/kg 的萘乙酸溶液浸。扦插时把顶部和其他节段分别扦插入不同的箱内，因顶段生长快，其他节段生长慢，混在一起扦插幼苗生长不一致。扦插用 1∶1 的草炭和蛭石做基质，与试管苗移栽相同，并加入营养液。扦插前将基质浇湿，切段 1 节插入基质中，1 节向上露出，$1m^2$ 扦插 700～800 株。扦插后轻压苗基，小水滴浇后用塑料薄膜覆盖保湿。温度不超过 25℃。剪苗后对母株应施营养液，促进生长。扦插苗成活后揭去薄膜，管理与脱毒苗移栽后相同。

（二）脱毒薯原种繁殖生产

原原种生产成本高，数量有限，尚不能用于生产。须进一步用原原种生产一级、二级原种，其数量比原原种大得多，但生产出的原种还是高质量的种薯，接近完全健康无毒。生产原种要求地势平坦、旱能浇、涝能排、无病毒、无细菌性病害的地块，隔离条件好，周围蚜虫寄主（特别是桃蚜）无或少。为了保证原种质量，防止被病毒和病害侵害，必须加强病虫的防治工作，特别是蚜虫，应及时喷药防治。要求达到原种的生产标准。

春季应采用阳畦高密度繁殖原种。1 月底 2 月初播种，播后覆盖塑料薄膜，3 月底 4 月初揭去薄膜，盖上尼龙网纱，4 月底 5 月初收获。播前阳畦喷药防治阳畦内越冬野虫，生长期还要数次防蚜。阳畦繁殖原种，采用冷凉季节生产原种，躲避蚜虫迁飞为害，在低温下形成薯质量高。收获的原种秋播时，块茎已度过休眠期，自然发芽，无须浸种催芽。秋季播种应推迟晚播，较正常播种晚 10～15d，于 8 月底播种。这样做，一是为躲避蚜虫为害，二是使结薯期处在凉爽的环境条件下。在生长期中应定时防治蚜虫及其他虫害，并不断更换防蚜药剂，以免蚜虫产生抗性，影响杀虫效果。

（三）脱毒薯良种繁殖生产

来自一级原种或二级原种生产繁殖的为良种，良种可分为两级，用一级或二级原种生产繁殖的为一级良种，用一级良种生产繁殖的为二级良种。然后向农民供应，农民作为商品薯生产，不能留种。良种一代数量不足，可用良种一代再生产繁殖，成为良种二代，供给农民做商品薯生产。这主要根据各地需要量而定（如图 2-6 所示）。

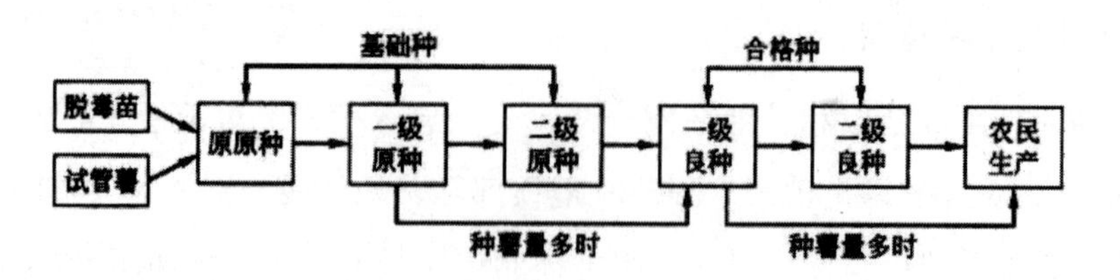

图 2-6　脱毒薯良种繁殖生产示意图

良种生产，可选择生产条件较好的地区，与农民签订繁殖合同，根据需种数量而繁殖。为了保证种薯质量，春季应采用阳畦留种，或催大芽、早播、地膜覆盖、早收，秋季晚播、喷药防虫、拔除病株和杂株，严格按种薯标准进行。

（四）脱毒种薯质量标准

随着我国经济、国际贸易和技术合作的发展，我国已制定了国家马铃薯脱毒种薯质量标准，并使之与国际标准接轨，该标准最早于 21 世纪初颁布实施，2012 年进行了修订完善。

（五）脱毒薯的增产及退化

脱去病毒的马铃薯种薯，由于没有病毒的为害和生理的干扰，一般都和刚育成的健康品种植株一样，生长旺盛，发育正常，在同等条件下种植，脱毒薯的产量比未脱毒的种薯可增产 30%～50%。有的成倍增产。就同一个品种来说，其增产大小与下列情况有关：

1. 要看未脱毒的种薯感染病毒的情况

感染病毒重或大部分种薯已被两种以上病毒侵染，病毒性退化严重，则脱毒薯增产幅度大；反之，则增产幅度小。

2. 要看脱毒薯种植的年限长短

种植时间短的脱毒薯，因被病毒侵染的机会少，仍保持较高的增产水平；反之，脱毒薯种植年限长，感染病的机会多，病株逐渐增多，甚至有两种以上病毒侵染，逐渐接近未脱毒的种薯，增产幅度必然变小。

3. 要看脱毒薯是否因地制宜采取了保种措施

如一季作地区结合夏播留种，二季作地区结合春阳畦留种，晚秋播种或春季早种早收、整薯播种、喷药防虫、拔除病株等。贯彻执行得好，脱毒薯能起到较长的增产作用；反之，脱毒薯也会很快发生病毒性退化，失去增产作用。

脱毒薯增产的另一原因是脱毒薯来自试管苗，不仅没有病毒存在，而且也没有真菌和细菌侵染，种薯的健康水平高。

脱毒的马铃薯只是采取生物技术把病毒脱去，并不能使马铃薯产生抗性或免疫作用。脱毒马铃薯在繁殖和生产过程中如不采取保护措施，很快又会被病毒侵染，仍发生病毒性退化。因而从试管苗移栽，生产脱毒种薯开始，必须采取严格的保护措施，防止种薯在刚开始繁殖时就感染病毒。国内外在生产脱毒薯的初期，都是种在隔离条件好的地方，严防任何虫害传播病毒。我国目前繁殖脱毒薯原种和一级原种，多在尼龙网纱（40 目）棚内进行，防止任何虫害传毒。原种量大时，选择气候冷凉、蚜虫极少、隔离条件好的地方繁殖。一般至少经过 2～3 年后才能将脱毒的种薯供给农民种植。尽管此时或多或少有些种薯轻微感病，但基本上是健康的，仍能增产。农民种植后，由于条件的限制，马铃薯被病毒侵染的机会增多，又逐渐发生病毒性退化。特别是二季作地区的城市近郊，茄子、辣椒、番茄、黄瓜等蔬菜的病毒均可侵染马铃薯，有翅蚜在春夏之交大量迁飞为害，传毒非常普遍，所以，二季作地区马铃薯病毒性退化严重。脱毒种薯如不因地制宜采取保护措施，种植 1～2 年就会严重感染病毒导致退化，造成减产。因此，利用脱毒薯要经常换种，才能高产稳产。否则，种薯被病毒侵染后不仅产量低，而且还会造成恶性循环。总之，脱毒薯在种植过程中仍会被病毒侵染，逐渐退化减产，应用脱毒薯不是一劳永逸的，在大量出现病毒性退化植株时，要及早更换种薯，才能使马铃薯生产达到较高的水平。

五、生产脱毒薯的条件和设备

马铃薯茎尖剥离脱毒及脱毒前后的病毒检测需要特殊条件、设备和较高的专业技术人员，一般单位不易做到，利用检测后的脱去病毒的脱毒苗进行无病毒生产，多数单位是能做到的。只要增加一些必要的设备，配置专门的组织培养技术人员，就能繁殖脱毒苗，生产无毒种薯。

（一）基本条件

1. 工作室 40m^2

用于试剂调配、培养基制备、高压锅消毒、药品及器材存放、洗涤等工作。要求有工作台、试验台、药品和器材储存柜（架），并具备水、电、供暖等设备。

2. 无菌室 15m^2

在室内切段、接种脱毒苗，防止杂菌污染。超净工作台及室内各装紫外灯一个，开关装在门外。室内地面要用瓷砖或水磨石面，清洁无尘土。无紫外线灯，可用来苏尔喷雾灭菌消毒，严格防止污染，门要严密。

3. 培养室 $30m^2$

用于试管苗的繁殖培养，要求室内能控制光，苗（三角瓶）放在安装有荧光灯的培养架上。为控制温度可安装空调。培养架可用黑色薄膜隔离包围，做试管薯培养。

4. 储藏室 $15m^2$

主要用于药品、器材、用品存放。室内应有储藏架、柜等。

5. 温室 $50m^2$

用于试管薯移栽、扦插繁殖及生产小薯，地面铺基质或箱盘中放基质，进行扦插，基质可用草炭、蛭石，要求严格防止蚜虫、粉虱和螨等害虫。

6. 防虫网纱

一般1个网棚0.5亩左右，根据需要可置备2～3个，用40目尼龙网纱防止蚜虫，网棚要有缓冲门兜，管理人员进去后先在门兜内清除身上带的蚜虫，或换衣服、鞋等，严防将害虫带入网棚内。

（二）主要仪器及器材

超净工作台1台，电冰箱1台，高压灭菌锅2个，精密天平（1/10g）1台，（1/10 000g）1台，紫外灯2个。另外，要配置数量适宜的酒精灯、电炉、三角瓶、烧杯、烧瓶、容量瓶、量筒、漏斗、吸管、搪瓷桶、搪瓷盘、塑料大桶、塑料盘、剪刀、镊子、温度计、石蕊试纸、干燥器、铁丝筐、计时钟表、封口膜、喷雾器、育苗箱、试验架、桌椅等。

（三）主要药品及试剂

1. 试剂

可根据前述制备培养基用的各种试剂购置，并购置琼脂、蔗糖、活性炭等。

2. 药品

用于温室、尼龙网棚防治病虫的药品，如防虫用的吡虫啉、溴氰菊酯，以及防病的瑞毒霉等。

第三章　马铃薯高产栽培技术

第一节　马铃薯常规栽培技术

一、播前准备

（一）正确选用种薯

选用良种是获得马铃薯高产的物质基础，也是一项经济有效的增产措施。没有优良的品种，不可能达到高产的目的。良种首先要高产稳产，高产需要植株生长健壮，块茎膨大快，养分积累多；稳产必须具有良好的抗病性和抗逆力。在同样的栽培条件下，良种较一般品种可增产 30%～50%，尤其是在晚疫病流行年份或马铃薯退化严重地区，推广抗病毒品种可以成倍增产，甚至更多。优良品种之所以能够增产，主要是由它对环境条件有较强的适应性，对病毒病菌有较强的抵抗力及其所具有的丰产特性所决定的。值得指出的是，马铃薯的品种区域性较强，每个品种都有它一定的适应范围，并非对各种自然条件都能够适应。这就要求各地必须选择适应当地条件的品种，才能发挥良好的增产作用。

我国幅员辽阔，自然气候复杂。选用良种应遵循以下原则：

1. 以当地耕作栽培制度为依据

一季作区为了充分利用生长季节和天然降水，要因地制宜地选择耐旱、休眠期长、耐储藏的中熟或中晚熟品种，还应适当搭配部分早熟或中早熟品种，以适应早熟上市或供应二季作地区所需种薯的要求；二季作区宜选用结薯早、块茎膨大快、休眠期短、易于催芽秋播的早熟或中熟品种；间套作要求株形直立，植株较矮的早熟或中早熟品种。

2. 以栽培目的为依据

出口产品要求薯形椭圆，表皮光滑，红皮或黄皮黄肉，芽眼极浅（平）的极早熟或早熟品种；做淀粉加工原料时应选择高淀粉品种；做炸薯条或薯片原料时应选择薯形整齐、芽眼少而浅、白肉、还原糖含量低的食品加工专用型品种。

3. 以当地生产条件为依据

应根据当地生产条件、栽培技术选用耐旱、耐瘠或喜水肥抗倒伏的品种。

4. 以当地主要病害发生情况为依据

根据当地主要病害发生情况选用抗病性强、稳产性好的品种。

不管依据什么原则或做何用途，均应选用优质脱毒种薯。生产实践证明，采用优质脱毒种薯，一般可增产 30%，多者可成倍增产。

（二）合理轮作倒茬

为了经济有效地利用土壤肥力，预防土壤和病株残体传播病虫害及杂草，栽培马铃薯的土地不能年年连作（重茬），需要实行合理轮作（倒茬）。轮作不仅可以调节土壤养分，改善土壤，避免单一养分缺乏，而且能减少病虫感染危害的机会。尤其是土壤和残株传带的病虫及杂草，通过轮作倒茬可减轻其危害。

马铃薯应实行 3 年以上轮作。马铃薯轮作周期中，不能与茄科作物、块根、块茎类作物轮作，这类作物多与马铃薯有共同的病害和相近的营养类型。在大田栽培时，马铃薯适合与禾谷类作物轮作。以谷子、麦类、玉米等茬口最好，其次是高粱、大豆。在城市郊区和工矿区作为蔬菜栽培与蔬菜作物轮作时，最好的前茬是葱、芹菜、大蒜等。马铃薯是中耕作物，经多次中耕作业，土壤疏松肥沃，杂草少，是多种作物的良好前茬。

由于马铃薯栽培区域及栽培特点不同，其轮作方式也多种多样。轮作的方式，要根据当地马铃薯生产的实际情况来决定。总的原则是“三忌”：忌连作，忌与茄科作物（如茄子、辣椒、番茄等）轮作，忌迎茬（在一块地里每隔一年种一次马铃薯）。

（三）深耕整地

马铃薯属于深耕作物，要求有深厚的土层和疏松的土壤，土壤中水、肥、气、热等条件良好。深耕整地可以使土壤疏松，消灭杂草和保蓄水分，改善土壤的通气性和保肥能力，促进微生物活动，增加土壤中的有效养分，提高抗旱排涝能力，有利于根系的生长发育和块茎的形成膨大。根据调查资料，深耕 30～33cm 比耕翻 13cm 左右的增产 20%以上；深耕 27cm，充分细耙，比浅耕 13cm 细耙的增产 15%左右。深耕细耙是保证根系发育，改善土壤中水、肥、气、热条件，满足马铃薯对土壤环境的要求和提高产量的重要措施之一。

耕翻深度因土质和耕翻时间不同而异。一般来说，砂壤土地或砂盖壤土地宜深耕；黏土地或壤盖砂地不宜深耕，否则会造成土壤黏重或漏水漏肥。“秋耕宜深，春耕宜浅”的群众经验值得推广，因为秋深耕可以起到消灭杂草，接纳雨雪和熟化土壤的作用；而春浅耕又有提高地温和减少水分蒸发的作用。在冬季雪少风大和早春少雨干旱地区，进行严冬碾压和早春顶凌耙磨，是抗旱保全苗的重要措施之一。无论是春耕还是秋耕，都应随耕随耙，做到地平、土细、地暄、上实下虚，起到保墒的作用。

（四）种薯处理

播前的种薯准备工作包括种属出窖、种薯选择、种薯催芽和种薯切块四个环节。

1. 种薯出窖

种薯出窖的时间，应根据当时种薯储藏情况、预定的种薯处理方法以及播种期三方面结合考虑。如果种薯在窖内储藏得很好，未有早期萌芽情况，则可根据种薯处理所需的天数提前出窖。采用催芽处理时，须在播前 40～45 天出窖。如果种薯储藏期间已萌芽，在不使种薯受冻的情况下，尽早提前出窖，使之通风见光，以抑制幼芽继续徒长，并促使幼芽绿化，以减轻播种时的碰伤或折断。

2. 种薯选择

马铃薯块茎形成过程中，由于植株生理状况和外界条件的影响，不同块茎存在质的差异。种薯传带病毒、病菌是造成田间发病的主要原因之一，为了切断病源，预防病害，提高出苗率，达到苗全苗壮，出苗整齐一致，为马铃薯高产奠定良好的基础，种薯出窖后，必须精选种薯。种薯选择的标准是：具有本品种特征，表皮光滑、柔嫩、皮色鲜艳、无病虫、无冻伤。凡薯皮龟裂、畸形、尖头、皮色暗淡、芽眼凸出、有病斑、受冻、老化等块茎，均应坚决淘汰。如出窖时块茎已萌芽，则应选择具粗壮芽的块茎，淘汰幼芽纤细或丛生纤细幼芽的块茎。

3. 种薯催芽

所谓催芽就是将未通过休眠期的种薯，用人为的方法促使其提早发芽。马铃薯块茎具有一定的休眠期，休眠期的长短因品种不同而异。新收获的薯块，一般需要 3～4 个月的休眠期才能发芽，也有的品种休眠期很短。一季作地区利用秋播留种的薯块春播，或二季作地区利用刚收获不久的春薯秋播时，都同样会遇到种薯处于休眠期而不能发芽的问题。

如果采用休眠状态的薯块播种，不仅会使出苗期延长，而且会造成缺苗断垄。因此，种薯催芽可促进种薯解除休眠，缩短出苗时间，促进生育进程，淘汰染病薯块，是解决马铃薯早种不能早出苗，晚种减产易退化矛盾的重要措施之一，增产效果显著。

种薯催芽有多种方法，常采用药剂催芽、温床催芽、冷床催芽、露地催芽及室内催芽等。催芽方法因栽培区域和栽培季节不同而异，一般春马铃薯常用整薯催芽，秋马铃薯常用切块催芽。分述如下：

（1）室内催芽

将种薯置于明亮室内，平铺 2～3 层，每隔 3～5 天翻动一次，使之均匀见光，经过 40～45 天，幼芽长至 1～1.5cm，再严格精选一次，堆放在背风向阳地方晒 5～7 天，即可切块播种。如果幼芽萌发较长但不超过 10cm，也可采用此法而不必将芽剥掉，芽经绿化后，失掉一部分水分变得坚韧牢固，切块播种时稍加注意，即不致折断。

出窖时若种薯芽长已至 1cm 左右时，将种薯取出窖外，平铺于光亮室内，使之均匀见光，当芽变绿时，即可切块播种。

（2）露地催芽

拟在翌春计划种植马铃薯的田间地边（或庭院内外），选择背风向阳的地方，入冬前挖若干个长 8m、宽 1m、深 0.8m 的基础催芽床。播种前 20～25 天，将已挖好的基础催芽床整修成长 10m、宽 1.5m、深 0.5m 的催芽床。床底铺半腐熟的细马粪 3cm，再铺细土 2cm，将选好的种薯放入床内，一般放置 4～5 层，每床约放 750kg 种薯，种薯上面盖细土 5cm，再盖马粪 3～5cm，然后用塑料布覆盖，四周用湿土封闭。约经 15 天即可催出 0.2～0.5cm 的短壮芽，再从床内将种薯取出放在背风向阳处，晒种 5～7 天，即可切块播种。

（3）层积催芽

将种薯与湿沙或湿锯屑等物互相层积于温床、火炕或木箱中，先铺沙 3～6cm，上放一层种薯，再盖沙没过种薯，如此 3～4 层后，表面盖 5cm 左右的沙，并适当浇水至湿润状况。以后保持 10～15℃和一定的湿度，促使幼芽萌发。当芽长 1～3cm，并出现根系，即可切块播种。

（4）温床催芽

挖宽 1m、深 50cm 的沟，沟底铺 15cm 厚的湿秸秆，上面铺 18cm 厚的马粪，再盖上 15cm 厚的细土保温，播种前 20～30 天将种薯放入沟内。种薯放入前 10 天，昼夜都加覆盖物；10 天后，当白天温度超过时，便可揭开覆盖物，使块茎接受阳光，经 20 天左右种薯即可发芽播种。

（5）熏蒸处理

采用混合的化学药剂兰地特熏蒸打破休眠（7份乙烯氯乙醇+3份1，2-二氯乙烷+1份四氯化碳）。种薯处理前在18～20℃的高湿条件下放5～7天，放药量为每立方米熏蒸空间放20毫升，每天放1/3，共熏蒸3天。药剂要装在培养皿中，培养皿中间放置棉花或纱布，药液倒在棉花或纱布上，然后迅速密封。熏蒸时温度保持在25℃。种薯熏蒸后先通风，使气体散尽，然后保持18～25℃直至发芽。

4. 种薯切块

切块种植能节约种薯，降低生产成本，并有打破休眠、促进发芽出苗的作用。但采用不当，极易造成病害蔓延。切块时应特别注意选用健康种薯。

（1）切块时间

切块时间应在播种前2～3天进行，切种过早，失水萎蔫造成减产，而且堆放时间长，容易感染病菌腐烂；切种过晚，切口尚未充分愈合，播种后易造成烂种。

（2）切块大小

切块的大小对抗旱保苗、培育壮苗均有一定的影响。切块过大，用种量多，不够经济；切块过小、过薄，播种后种薯容易干缩，影响早出苗，出壮苗，或造成“瞎窝”。实践证明，种薯并非越大越好，用种必须经济合理。一般要求切块重量不应低于15g，每块重量以25～30g为宜，每500g种薯可切20～25块。每个切块带1～2个芽眼，便于控制密度。切块时充分利用顶端优势，尽量带顶芽。切块应在靠近芽眼的地方下刀，以利发根。

（3）切块方法

一般每块重量30g左右的小薯可以纵切为两半；60g左右的种薯可纵横切开；120g左右的大薯可实行斜切。只能切成块，不能切成片，更不可削皮挖芽和去掉顶芽。切后放在通风阴凉处摊开，待切口愈合后即可播种。

（4）注意事项

切到病薯时应进行切刀消毒。消毒方法常用75%酒精反复擦洗切刀或用沸水加少许盐浸泡切刀8～10min，或用0.2%升汞水或3%来苏尔水浸泡切刀5～10min进行消毒。最好随切随种，也可在播种前2～3天进行，切好的薯块稍经晾晒即可播种，也可将切块拌上草木灰，使伤口尽快愈合，防止细菌感染，同时又具种肥的作用。但在盐碱地上种植时，不可用草木灰拌种。还可用滑石粉或滑石粉加4%～8%的甲基托布津均匀拌种，避免切块腐烂。当播种地块的土壤太干或太湿、太冷或太热时不宜切块。种薯的生理年龄太老，即种薯发蔫发软、薯皮发皱、发芽长于2cm时，切块易引起腐烂。夏播和秋播因温、湿度高，极易腐烂，一般不能切块。切块时注意剔除杂薯、病薯和纤细芽薯。

5. 小整薯作种

若种薯小，可采用整薯播种，能避免切刀传病，减轻青枯病、疮痂病、环腐病等病害的发病率，能最大限度地利用种薯的顶端优势和保存种薯中的养分、水分，抗旱能力强，出苗整齐健壮，生长旺盛，结薯数增加，增产幅度可达15%～20%。此外，还可节省切块用工和便于机械播种，还可利用失去商品价值的幼嫩小薯。整薯的大小，一般以20～50g健壮小整薯为宜。在北方一季作区粗放的旱田栽培条件下，整薯播种不失为一项经济有效的增产措施。

二、播种

播种是取得高产的重要环节，许多保证丰产的农艺措施都是在播种时落实的，如播种期、播种深度、垄（行）距、株（棵）距等，直接关系到种植效益的高低。

（一）播种期

马铃薯播种期因品种、气候、栽培区域等不同而有所差异。各地气候有一定的差异，农时季节也不一样，土地状况更不相同，所以，马铃薯的播种时间也不能强求划一，而需要根据具体情况来确定。总的要求应该是：把握条件，不违农时。

一般情况下，确定适宜播种期应从以下五方面考虑：

1. 根据地温确定播种期

地温直接影响着种薯发芽和出苗。在北方一季作区和中原二季作区春播时，一般10cm深度的地温应稳定在5℃，以达到6～7℃较为适宜。因为种薯经过处理，体温已达到6℃左右，幼芽已经萌动或开始伸长。如果地温低于芽块体温，不仅限制了种薯继续发芽，有时还会出现“梦生薯”，即幼芽开始伸长，但遇低温使它停止了生长，而芽块中的营养还继续供给，于是营养便被储存起来，使幼芽膨大长成小薯块。这种薯块不能再出苗，因而降低出苗率。为避免“梦生薯”现象出现，一般在当地正常春霜（晚霜）结束前25～30天播种比较适宜。

2. 根据土壤墒情确定播种期

虽然马铃薯发芽对水分要求不高，但发芽后很快进入苗期，则需要一定的水分。在高寒干旱区域，春旱经常发生，要特别注意墒情，可采取措施抢墒播种。土壤湿度过大也不利于播种，在阴湿地区和潮湿地块，湿度大，地温低，需要采取措施晾墒，如翻耕或打垄等，不要急于播种。土壤湿度以“合墒”最好，即土壤含水量为14%～16%。

3. 根据气候条件确定播种期

按照品种的生长发育特点，使块茎形成膨大期与当地雨季相吻合，同时尽量躲过当地高温期，以满足其对水分和湿度的要求。根据当地霜期来临的早晚确定播种期，以便躲过早霜和晚霜的危害。

4. 根据品种的生育期确定播种期

晚熟品种应比中熟品种早播，未催芽种薯应比催芽种薯早播。

5. 根据栽培制度确定播种期

间作套种应比单种的早播，以便缩短共生期，减少与主栽作物争水、争肥、争光的矛盾。

我国地域辽阔，地形复杂，气候条件和栽培制度不同，播种期有很大的差异。概括起来可分为春、秋、冬三种播种期。北方一季作区实行春播，一般在土壤表层10cm±温度达到6～7℃时即可播种，但为了避免夏季高温对块茎形成膨大的不利影响，播种期应适当推迟。一般平原区，以5月上中旬播种为宜，高寒山区以4月中下旬播种为宜。中原二季作区实行春、秋两季播种，春马铃薯的播期宜早不宜晚，以便躲过高温的不利影响，一般2月中旬至3月中旬春种，夏季高温来临前即可收获；秋播，特别是利用刚收获不久的春薯作种时（隔季留种者可适时早播），一定要适期晚播。秋马铃薯播种过早，容易受高温多湿不利条件的影响而造成烂种；如果播种过晚，生长期不足，产量会受到影响，一般7月上旬至8月下旬秋播。华南冬作区，多在10月上旬至11月中旬播种。

（二）播种方法

1. 具体播种方法

播种方法应根据各地具体情况而定，常采用的方法有以下三种：

（1）开沟点种法

在已春耕耙耱平整好的地上，先用犁开沟，沟深10～15cm，随后按株距要求将准备好的种薯点入沟中，种薯上面再施种肥（腐熟好的有机肥料），然后再开犁覆土。种完一行后，空一犁再点种，即所谓“隔犁播种”，行距50cm左右，依次类推，最后再耙耱覆盖，或按行距要求用犁开沟点种均可。这种方法的优点是省工省力，简便易行，速度快，质量好，播种深度一致，适于大面积推广应用。

（2）穴点种法

在已耕翻平整好的地上，按株行距要求先画行或打线，然后用铁锹按播种深度进行挖窝点种，再施种肥、覆土。这种播种方法的优点是株、行距规格整齐，质量较好，不会倒乱上下土层。在墒情不足的情况下，采用挖窝点种有利于保墒出全苗，但人工作业比较费工费力，只适于小面积采用。

（3）机械播种法

国外普遍采用机械播种法，播种前先按要求调节好株、行距，再用拖拉机作为牵引动力播种，种薯一律采用整薯。机播的好处是速度快，株行距规格一致，播种深度均匀，出苗整齐，开沟、点种、覆土一次作业即可完成，省工省力，抗旱保墒。有关马铃薯机械化种植将在下文叙述。

2. 播种深度

播种深度应根据土质和墒情来确定。一般来说，在土壤质地疏松和干旱条件下可播种深些，深度以12～15cm为宜。播种过浅，容易受高温和干旱影响，不利于植株的生长发育和块茎的形成膨大，影响产量和品质。在土壤质地黏重和下湿涝洼的条件下，可以适当浅播，深度以8～10cm为宜。播种过深，容易造成烂种或延长出苗期，影响全苗和壮苗。

3. 种植密度

种植密度大小应根据品种特性、生育期、地力、施肥水平和气温高低等情况决定。一般来说，早熟品种秧矮，分枝少，单株产量低，需要生活范围小，可以适当加密，缩小株距；而中、晚熟品种秧高，分枝多，叶大叶多，单株产量高，需要生活范围大，应适当放稀，加大株距。在肥地壮地，肥水充足，并且气温较高的地区和通风不好的地块上，植株相对也应稀植。如果地力较差、肥水不能保证，或是山坡薄地，种植可相对密一些。

三、田间管理

在马铃薯的生长发育过程中，根据不同阶段的要求，采取有效的田间管理措施，为马铃薯创造良好的生长发育环境，促使植株形成茎秆粗壮、节间短、不徒长、叶片平展肥大、叶色浓绿有润泽、下部叶色失绿晚、不早衰、结薯早和膨大速度快的丰产长相，为创造高产提供最大的可能性。

马铃薯生育期间的各项管理，时间性很强，必须根据气候、土壤和植株生育情况，及时采取有效措施。

（一）苗前管理

春马铃薯播种后，一般须经30天左右才能出苗。在此期间，种薯在土壤里呼吸旺盛，需要充足的氧气供应，以利于种薯内营养物质的转化。许多地区早春温度偏低，干旱多风，土壤水分损失较大，表土易板结，杂草逐渐滋生。针对这种情况，出苗前3～4天浅锄或耱地可以起到疏松表土、补充氧气、减少土壤水分蒸发、提高地温和抑制杂草滋生的作用。

（二）查苗补苗

出苗后田间管理的中心任务是保证苗全、苗壮、苗齐。全苗是增产的基础，没有全苗就没有高产。马铃薯株棵大，单株生产力高，缺一株就成斤地少收，缺一片就会大量减产。所以，出苗后应首先认真做好查苗补苗工作，确保全苗。

查苗补苗应在出苗后立即进行，逐块逐垄检查，发现缺苗立即补种或补栽。补种时可挑选已发芽的薯块进行整薯播种，如遇土壤干旱时，可先铲去表层干土，然后再进行深种浅盖，以利早出苗、出全苗。为了使幼苗生长整齐一致，最好采用分苗补栽的办法，即选一穴多茎的苗，将其多余的幼苗轻轻拔起，随拔随栽。在分苗时最好能连带一小块母薯或幼根，这样容易成活。此外，分苗补栽最好能在阴天或傍晚进行，土壤湿润可不必浇水，土壤干旱时必须浇水，以提高成活率。

（三）中耕培土

马铃薯具有苗期短，生长发育快的特点。培育壮苗的管理特点是疏松土壤，提高地温，消灭杂草，防旱保墒，促进根系发育，增加结薯层次，促进块茎形成，所以中耕培土是马铃薯田间管理的一项重要措施。干旱区尤为重要。结薯层主要分布在10～15cm深的土层内，疏松的土层，有利于根系的生长发育和块茎的形成膨大。

（四）适时浇水

马铃薯整个生育期中需要充足的水分，每形成1kg干物质需水量约300kg。如土壤水分不足，会影响植株的正常生长发育，影响块茎膨大和产量。

1. 苗期需水与灌溉

马铃薯不同生育时期对水分的要求不同。从播种到出苗阶段需要水分最少，一般依靠种薯中的水分即可正常出苗；出苗至现蕾期，是马铃薯营养生长和生殖生长的关键时期，土壤水分的盈亏对产量影响显著，这时保持土壤湿润，是培育植株丰产长相的关键。如土壤过分干旱，以致幼苗生长受到抑制，将影响到后期产量，则须适当浇水，并要及时中耕松土。

2. 成株期需水与灌溉

现蕾至开花是生长最旺盛时期，叶面增长呈直线上升，叶面蒸腾量大，匍匐茎也开始膨大结薯，需水量达到最高峰，约占全生育期的 1/2。土壤水分以土壤最大持水量的 60%～75%为宜。这时不断供给水分，不仅可以降低土壤温度，有利于块茎形成膨大，同时还可以防止次生块茎的形成。

浇水应避免大水浸灌，最好实行沟灌或小水勤浇勤灌，好处是灌水匀，用水省，进度快，便于控制水量，利于排涝。积水过多，土壤通气不良，根系呼吸困难，容易造成烂薯。收获前 5～6 天停止浇水，以利收获和减少储藏期间的病烂。

3. 秋马铃薯的灌溉

二季作地区的秋马铃薯灌溉要求与春作马铃薯全然不同。秋马铃薯播种正值高温季节，播后无雨时，每隔 3～5 天浇水一次，降低土温。促使薯块早出苗，出壮苗。浇后及时中耕，增加土壤透气性，避免烂薯。幼苗出土后，如天气干旱，亦应小水勤浇，保持土壤湿润，促进茎叶生长。至生育中期，气候逐渐凉爽，茎叶封垄，植株蒸腾及地面蒸发量小，可延长浇水间隔，减少浇水次数。

二季作马铃薯生育期短，发棵早，一切管理措施都要立足一个“早”字，即早播种、早查苗、早追肥、早浇水、早中耕培土，以便充分利用生育期，促苗快长，实现高产稳产。

（五）科学施肥

马铃薯是高产喜肥作物，施肥对马铃薯增产效果显著，良好的施肥技术不仅能最大限度地发挥肥效，提高产量，还能改善食用品质和增加淀粉含量。因此，必须根据马铃薯的需肥特点，采取合理的施肥技术。

在马铃薯整个生育过程中，需K肥最多，N肥次之，P肥最少。N肥能促使茎叶繁茂，叶色深绿，增加光合作用强度，加快有机物质的积累，提高块茎中蛋白质的含量。但施用N肥过多，会引起植株徒长，成熟期延迟，甚至只长秧子不结薯，严重影响产量。对P肥需要虽少，但不能缺少，P肥不仅能使植株发育正常，还能提高块茎的品质和耐储性。如果缺P，植株生长细弱甚至生长停滞，块茎品质降低，食性变劣。K肥能使马铃薯植株生育健壮，提高抗病力，促进块茎中有机物质的积累。

据研究，每生产1000kg薯块，约须从土壤中吸收纯N 5kg、P 2kg、K 11kg。马铃薯在不同生育阶段所需营养物质的种类和数量也不同。发芽至出苗吸收养分不多，依靠种薯中的养分即可满足其正常生长需要，出苗到现蕾吸收的养分约占全生育期所需要养分的1/3；从现蕾到块茎膨大期，吸收的养分很少。马铃薯对N的吸收较早，在块茎膨大期到达顶点；对K的吸收虽然较晚，但一直持续到成熟期；对P的吸收较慢较少。

马铃薯施肥应以有机肥为主，化肥为辅；基肥为主（应占需肥总量的80%左右），追肥为辅。施肥方法分基肥、种肥和追肥三种。

1. 基肥

基肥主要是有机肥料，常用的有牲畜粪、秸秆及灰土粪等优质农家肥。这样可以源源不断发挥肥效，满足其各生育期对肥料的需要；同时，有机肥在分解过程中，释放出大量CO_2，有助于光合作用的进行，并能改善土壤的理化性质，培肥土壤。

基肥一般分铺施、沟施和穴施三种，基肥最好结合秋深耕施入，随后耙耱。基肥充足时，将1/2或2/3的有机肥结合秋耕施入耕作层，其余部分播种时沟施。在基肥不足的情况下，为了经济用肥和提高施肥效果，最好结合播种采用沟施和穴施的方法，开沟后先放种薯后施肥，然后再覆土耙耱。

施用基肥的数量应根据土壤肥力、肥料种类和质量、产量水平来决定。一般情况下，每公顷施用量为15～30t。有条件的地方可适当增施农家肥，这样更有利于提高产量和改善食用品质。

2. 种肥

普遍使用农家肥、化肥或农家肥与化肥混合做种肥。有机肥做种肥，必须充分腐熟细碎，顺播种沟条施或点施，然后覆土。一般每公顷施腐熟的羊粪或猪粪15～22.5t。化肥做种肥，以N、P、K配合施用效果最好。例如，每公顷以450kg磷酸二铵与75kg尿素和450kg硫酸钾混合做种肥，均较单施磷酸二铵、尿素或硫酸钾增产10%左右。每公顷用尿素75～112. 5kg，过磷酸钙450～600kg，草木灰375～750kg或硫酸钾375～450kg；或用75kg磷酸二铵加75kg尿素（或150kg碳酸氢铵）；或用105kg磷肥加75kg尿素（或150kg碳酸氢铵）做种肥，结合播种条施或点施在两块种薯之间，然后覆土盖严，均能达到投资少、收入高的目的。施用种肥时应拌施防治地下害虫的农药，可每公顷施入2%甲胺磷粉22.5～37.5kg或呋喃丹30kg。

3. 追肥

在施用基肥或种肥的基础上，生育期间还应根据生长情况进行追肥。据试验，同等数量的N肥，施种肥比追肥增产显著；追肥又以早追者效果较好，在苗期、蕾期、花期分别追施时，增产效果依次递减。所以，追肥应在开花前进行，早熟品种最好在苗期追肥，中晚熟品种以蕾期前后追施较好。早追肥可弥补早期气温低，有机肥分解慢，不能满足幼苗迅速生长的缺陷。因此，早期追施化肥，可以促进植株迅速生长，形成较大的同化面积，提高群体的光合生产率。当植株进入块茎增长期，植株体内的养分即转向块茎，在不缺肥的情况下，就不必追肥，以免植株徒长，影响块茎产量。开花期以后，一般不再追施N肥。

追肥应结合中耕或浇水进行，一般在苗期和蕾期分次追施，中晚熟品种可以适当增加追肥次数，以满足生育后期对肥料的需求。为了达到经济合理用肥，第一次在现蕾期结合中耕培土进行，以N肥为主；第二次在现蕾盛期结合中耕培土进行，此时正是块茎形成膨大时期，需肥量较多，特别是需K肥最多，所以应以追施K肥为主，并酌情追施P肥和N肥。追肥主要用速效性肥料，常用硫酸铵、硝酸铵、尿素作为N肥，过磷酸钙作为P肥，硫酸钾作为K肥。一般每公顷约需纯N 90～105kg、P 60～75kg、K 105～150kg。根据这个标准，可按当地土壤肥力情况酌情增减施肥量。

4. 病虫害防治

马铃薯是多病害作物，非常容易受到各种病菌的侵染，发生多种病害。病害的发生与流行，不仅损坏植株茎叶，降低田间产量，在块茎储藏过程中还会直接侵染块茎，轻者降低品质，重者使块茎腐烂，造成巨大损失。

危害马铃薯的病虫害有300多种。马铃薯病害主要分为真菌性病害、细菌病害和病毒病害。其中真菌病害是世界上主要的病害，几乎在马铃薯种植区都有发生。从我国各个种植区域的情况来看，发生普遍、分布广泛、危害严重的是真菌性病害的晚疫病和细菌性病害的环腐病，南方的青枯病也有日益扩大的趋势，同时由于病毒病引起的马铃薯退化问题也成为限制马铃薯产业的主要障碍。因此，病虫害的防治是马铃薯生产中保证种植效益非常重要的环节。

马铃薯的重点病害是晚疫病。对此病要依据植保部门的测报早动手用药剂防治，做到防病不见病。马铃薯的虫害防治以地下害虫为重点。对地下害虫，要在播种时施药，提前防治。

四、收获储藏

马铃薯收获、运输与储藏是对一年辛勤劳动和技术实施的效果检验。进行收获，要做到保时间，保质量，最大限度地降低损失，才能丰产丰收，获得最好的效益。除适时收获外，关键是在翻、拉、装、卸、运和入窖等各个环节中，尽量避免块茎损伤，减少块茎上的泥土和残枝杂物，防止日光暴晒使薯皮变绿，防止雨淋和受冻。

五、不同生产区的特殊技术要求

马铃薯的种植技术，在各种植区内基本相同。但由于各地条件不同，每个区域都有自己的技术特殊要求。

（一）一季作区马铃薯种植的特殊要求

在一季作区，春季干旱是主要的气候特点，农谚有“十年九春旱”的说法。春天风大，气温低，春霜（晚霜）结束晚，秋霜（初霜）来得早，7、8 月雨水较集中。因此，保墒，提高地温，争取早出苗，出全苗，便显得非常重要。一般多采用秋季深翻蓄墒、及时细耙保墒、冻前拖轧提墒、早春灌水增墒等有效办法，防旱抗旱保播种。播种时要厚盖土防冻害。苗前拖耕，早中耕培土，分次中耕培土，以提高地温。要及时打药防治晚疫病，厚培土保护块茎，减少病菌侵害和防止冻害的发生。

（二）二季作区马铃薯种植的特殊要求

马铃薯二季作区，虽然无霜期较长，有足够的生长时间，但春薯种植仍要既考虑到本茬增产早上市，又不耽误下茬农时。所以要早播种，早收获，并选择结薯早、膨大快、成熟早的品种。在马铃薯的生长期中，气温逐渐升高，降雨增加，植株容易出现疯长。因此，在发棵中后期现蕾时，可施用生长调节剂来控制地上部的生长，促进块茎的膨大。

秋薯种植使用的是春季生产的种薯，收获时间短，没完全度过休眠期。所以，必须对它进行打破休眠的处理，不然会造成出苗不齐不全、减少产量的问题。

对春季生产种薯进行打破休眠处理，可以使用在短时间内能起到解除休眠作用的化学药剂。目前使用效果较好的，有以下三种：

1. 赤霉素（九二〇）打破休眠

把切好的芽块，放入5～10ppm浓度的赤霉素溶液中浸泡15min，捞出后放入湿沙中，保持20℃左右的温度即可。或把赤霉素（九二〇）溶液，用喷雾器均匀地喷在芽块上，然后再放入湿沙中。

2. 硫脲打破休眠

把切好的芽块放入1%硫脲溶液中浸泡1h，捞出后放入湿沙中层积；或用喷雾器均匀地喷在芽块上，然后再用湿沙层积。

3. 熏蒸法打破休眠

所用药剂为二氯乙醇、二氯乙烷和四氯化碳，将三者按7∶3∶1的容量比例，混合成熏蒸液，用以熏蒸种薯。不同品种，处理时间的长短也不同。使用这种方法打破马铃薯种薯的休眠，效果较好。

（三）南方冬作区马铃薯种植的特殊要求

种薯来源是这个区域的特殊问题。冬种后每年2—3月收获，但收获的块茎不能做种。一是收获的块茎是在高温下长成，种性极差；二是天气炎热，块茎无法储藏到11月再用于播种。每年必须从北方的种薯生产基地调入合格种薯，才能保证质量，达到丰产目的。

南方冬种马铃薯，大部分都是用稻田。稻田湿度较大，需要在整地时做成高畦，在高畦上播种马铃薯。有的地方土壤太黏，不宜深种，又培不上土，可以用稻草等覆盖根部，保证块茎生长，不被晒绿。

（四）西南混作区马铃薯种植的特殊要求

该区虽然有各种植区的特点，但降雨较多，湿度较大，是晚疫病、青枯病、癌肿病的易发区。必须选用抗病品种。在这个区域内，四季都有马铃薯播种和收获。

第二节 马铃薯高产栽培技术

一、“一晚四深”栽培法

“一晚四深”栽培技术是山西农科院高寒生物所试验推广的大面积增产综合栽培技术，也是在现有水肥条件基础上提高单产的有效措施。大量的生产实践证明，在同样水肥条件下，采用“一晚四深”栽培技术比常规栽培方法一般可增产30%～50%，有的甚至成倍增产。所谓“一晚四深”，一晚就是适期晚播，四深就是秋深耕、春深种、苗期深锄和碳铵深施。

（一）适期晚播

根据马铃薯结薯期对温度、水分的要求以及对生育期要求不严格的特点，适当推迟播种期，可使其躲过结薯期的高温，并与当地雨季相吻合，从而为块茎的膨大创造适宜的水分、温度条件。

（二）秋深耕

马铃薯属于深耕作物。秋季深耕，增加活土层，蓄水蓄肥。一般深度30cm左右，不仅接纳秋冬雨水，春播抗旱保苗，秋雨春用，而且深耕上虚下实，肥水充足，为马铃薯根系生长和块茎膨大创造一个良好的环境条件。深耕使土壤疏松，便于根系的生长发育和块茎的形成膨大，同时还可以消灭杂草和保蓄水分。因此，深耕是马铃薯增产的重要条件之一。一般深耕以23～25cm为宜，有条件的地方还可深翻到33cm，并结合深耕进行施肥。

（三）春深种

深种有利于匍匐茎的形成和增加结薯层次，同时还可以防止匍匐茎和块茎暴露地面而减产。干旱情况下深种可以起到保墒播种保全苗的作用。播种深度要根据土质和墒情来决定，在干旱和土质疏松的情况下可以播种深些，10～12cm；在涝湿和土壤黏重的情况下，应播种浅些，以8～10cm为宜。

（四）苗期深锄

深锄可以起到疏松土壤、消灭杂草、防旱、保墒、提高地温和促苗早发的作用。一般应在刚出齐苗，叶片还没有展开前进行深锄。

（五）碳铵深施

据试验报道，碳铵深施可以防止 N 素挥发，提高肥料利用率。方法是结合秋深耕将肥料翻入土壤底层，这样可以起到延长供肥时间，满足全生育过程对 N 素需求的作用。

二、“抱窝”栽培法

“抱窝”栽培是辽宁省原旅大市农科所试验成功的一项高产栽培技术。所谓“抱窝”就是根据马铃薯的腋芽在适合的土壤条件下都有可能转化成匍匐茎、膨大结薯的特性，在栽培技术上采用整薯育苗、深播浅覆土、分层培土、及时浇水、适期晚收措施，促使其增加结薯层次，达到高产。

“抱窝”栽培一般产量 30～60t/hm^2，最高达 79.5t/hm^2，单株产量 1～2kg，最高达 6.1kg，比一般切块直播的产量增加 1 倍以上。

（一）增产原因

“抱窝”马铃薯主要是从栽培措施上创造有利条件，充分发挥单株增产潜力，促使多层结薯，达到单株增产，进而保证群体高产。

1. 地下茎节增多

马铃薯植株的每个腋芽都有两重性，地上茎的腋芽在光照等条件下长成茎叶，地下茎的腋芽则在土壤中遮光等条件下发育成匍匐茎，尖端膨大，积累养分形成块茎。“抱窝”的马铃薯，用整薯培育短壮芽，养分集中，节间短缩密集，定植后地下茎节较多。据观察，地下茎节一般有 4～5 个，匍匐茎 10 余个，最多的茎节达 10 多个，匍匐茎达 30 个以上。

2. 培育短壮芽

“抱窝”马铃薯提前一个多月培育短壮芽（育大芽），并且适期早播，在日照较短、温度较低的条件下，有利于地下茎节较多地分化形成匍匐茎。在苗床中育大芽时，有的已经长出小块茎，由于块茎的细胞可以一直分裂和膨大，如能仔细操作，这些小块茎能够继续膨大，从而提高产量。

3. 结薯增多

“抱窝”马铃薯用整薯培育短壮芽，能够充分发挥种薯的营养，具有顶端优势，播种后发育成较多的主茎，每根主茎的地下茎节都有可能形成较多的匍匐茎而结薯，一般每株有3～4个主茎，结薯20～30个，最多的达100个以上。

4. 结薯层次增加

“抱窝”马铃薯播种后，由于多次培土，既能保持相对稳定而较低的土壤温度及适宜的湿度，满足下层块茎膨大的需要，又可以随着短壮芽逐渐伸长，相应地给予分次培土，促进地下茎节产生较多的匍匐茎，增加结薯层，层层上升，结薯成“窝”。

马铃薯“抱窝”栽培是小面积上摸索出来的高产技术。它需要精细的管理和较高的栽培条件，适于在人多地少的地方推广应用。

（二）技术要点

1. 选用良种，精选种薯

用于“抱窝”的马铃薯品种应选择增产潜力大、适销对路的中熟或中晚熟高产品种，同时还应利用健康的脱毒种薯，充分发挥“抱窝”综合栽培技术的潜力，获得高产。

2. 散光处理，培育壮芽

将度过了休眠期、要催芽的种薯，平铺于垫板上2～3层，在散射光下，保持室温20℃。当芽眼萌动时，经常轻轻翻动，使种薯受光均匀、发芽整齐，使所有种薯都能催出短壮芽。短壮芽早期分化根点播种后接触到湿润的土壤，会很快伸长、发育成根系，吸收水分和养分，这是培育壮苗的基础。壮苗节间短而节多，经过多次培土，能够形成较多的匍匐茎，达到多层结薯。

3. 适时早播，合理密植

“抱窝”马铃薯由于提前培育短壮芽或育大芽，或育出短壮苗，应早播或移栽，增加生育日数，获得高产。适时早播有两种情况，如育苗移栽，应在当地晚霜过后；如播种有短壮芽的种薯，其播种期应在幼苗出土后，不致遭受晚霜危害的前提下，尽量争取早播。

“抱窝”马铃薯一般多选用中熟或中晚熟丰产品种，其增产潜力大，需要合理密植，充分发挥单株增产潜力，协调好个体与群体的生长，达到群体高产。一般中熟品种的密度控制在 60 000～75 000 株/hm^2。

4. 深播（或栽苗）浅覆，及时中耕

利用有短壮芽的种薯直播或育大芽移栽，都不要碰断幼芽和损伤根系。播种前先浇底水，提供根系发育所需要的水分；播种时要深开沟、浅覆土，覆土应盖过芽 3cm 左右。

“抱窝”马铃薯，由于早播早栽，必须加强管理，早春地温较低，出苗后，要及时中耕，疏松土壤，提高地温，促根壮苗。

5. 分次培土、多层结薯

植株开始生长时，结合中耕进行第一次培土，厚 3cm 左右；隔 7～15 天，第二次培土厚 6cm 左右；再隔 7～15 天，第三次培土，厚 10cm 左右。培土时如土壤干旱，应先浇水、后培土，使垄内有适宜的湿度，促进匍匐茎的形成，在封垄前必须完成最后一次培土。

6. 及时浇水，适时晚收

马铃薯茎叶含水分 85%以上，块茎含水分 75%以上，任何生育阶段缺水都会影响马铃薯的产量，特别在块茎膨大期，保证水分供给，可成倍增产。在生育前期，如土壤不旱时，可加强中耕培土，控制浇水，有利于根系发育，且可避免植株徒长。进入结薯期后，植株不能缺水，根据天气情况，5～7 天浇水 1 次。收获前 10 天停止浇水，以利于薯皮木栓化和收获。

三、间套作栽培法

由于马铃薯具有株矮、早熟、喜冷凉、在地下生长、须根系等特点，成为较广泛的间、套种作物。它可与高秆作物搭配，用光互补；也可与晚熟作物搭配，错开播期，减少共生期；还可与地上结实作物搭配，不同它争营养面积和空间等。我国农民在生产实践中利用这一规律，创造出多种多样的马铃薯与其他作物的间套种形式，在充分利用土地、增加复种指数，提高产量和产值，提高经济效益方面，发挥了很大作用。

（一）间套作的概念

间作是指在同一块田地同一生长期内，马铃薯与其他作物分行或分带相间种植的模式。所谓分带是指两种间作作物成多行或占一定幅度的相间种植，形成带状间作，如 2 垄马铃薯与 4 行玉米间作，2 垄马铃薯与 4 行棉花间作，多垄马铃薯与幼龄果树间作等。带状间作有利于分别进行田间管理。

套种是指在前季作物生长的适宜时期，于其株行间播种或移栽后季作物的种植方法，如马铃薯生长中期每隔2垄马铃薯于其行间套种2行或3行玉米，或套种2行棉花。与单作相比，它不仅能在作物共生期间充分利用空间，同时能延长后作对生长季节的利用，提高复种指数，提高年总产量和效益。

有些时候，以马铃薯为主的间作或套种是不能截然分开的，由于马铃薯可在较低温度下发芽、出苗，一般是先播种马铃薯，马铃薯出苗后，在马铃薯的宽行中播种棉花，开始时是在马铃薯行间套种棉花，棉花出苗后，形成了马铃薯与棉花的间作方式。

间作和套种的两种作物都有共生期，所不同的是：间作共生期长，套种共生期较短，每种作物的共生期都不应超过其全生育期的1/2 。

（二）间作套种的效益

作物的间作套种搭配合理时，比单作更具有增产、增效的优势。从利用自然资源来说，一般的单作对土地和光能都没有充分利用。间作套种在一块地中构成的复合群体，能充分利用光能和地力，提高单位面积的产量和效益。马铃薯具有喜冷凉、生育期短、早熟的特点，可与粮、棉、菜、果等多种作物间作套种，在保证其他主要作物不少收的前提下，可多收一季马铃薯。马铃薯与其他作物间作套种有如下多方面的作用和优势：①提高光能和土地的利用率；②充分发挥边际效应（边行优势）；③发挥地力、肥培地力；④减轻病虫害的发生；⑤错开农时、调节劳力；⑥增加收获指数。

另外，在坡地利用马铃薯顺着等高线与玉米进行条带式间套栽培，可保持水土，减缓土壤冲刷，减少水肥流失。

（三）间作套种的基本原则

马铃薯与其他作物实行间作套种时，在栽培技术措施不当的情况下，必然会发生作物之间彼此争光和争水肥的矛盾，以及相互间发生对水肥需要的冲突。诸因素中光是作物进行光合作用的能源，属于宇宙因素，人们无法直接左右，只有通过栽培技术来使作物适应。所以间作套种的各项技术措施，首先须围绕解决间套作物之间的争光矛盾进行考虑和设计。总之，马铃薯间套作种进行过程中的各项技术措施，必须根据当地气候土壤条件、间套作物生态特征和生育规律等全面考虑制定。要点是处理好间套作物群体中光照、水肥、土壤等因素，使能符合或满足间套作物产量形成的要求。

1. 田间结构的确定

合理的田间群体结构才能充分发挥复合群体利用自然资源的优势，解决间套作物之间的争光、争水、争肥等一系列矛盾。只有田间结构合理，才能既增加群体密度，又有较好的通风、透光条件，充分发挥栽培措施的作用。

合理的田间群体结构包括以下五个方面：

（1）密度

提高种植密度，增加见光叶面指数是马铃薯与其他作物间作套种的中心环节。在生产运用中，马铃薯与其他间套作物的密度要结合生产目的和土壤肥力、水肥条件确定。间作套种应以主要作物为主，其密度应不少于单作，不影响主作物的产量。如马铃薯与棉花间作套种，棉花是主作物，首先应保证棉花的密度与产量不比纯作的低，而马铃薯只是利用棉花未播种之前和幼苗生长阶段的土地，待棉花进入旺长阶段，马铃薯已经收获。

（2）行数、行株距和幅宽

一般间套种作物的行数可用行数比表示，如 2 垄马铃薯与 3 行玉米间作套种，其行数比为 2∶3。行距和株距是间、套种作物的密度，应使两种作物配合好，才能取得双高产。

间作套种作物的行数应根据主作物的计划产量和边际效应确定，如马铃薯与玉米间、套种，玉米为主作物，则玉米的行数应当增加，但考虑到边际效应，马铃薯与玉米的行比以 2∶3 或 2∶4 较适宜。

幅宽是指间套作中每种作物的两个边行间距的宽度。

（3）间距

间距是指相邻作物的距离。间距过小，加剧两种间套种作物争夺生长条件的矛盾；间距过大，则减少了作物行数，应根据不同作物合理布局。马铃薯与玉米间套种，或与棉花间套种，由于马铃薯可早于玉米、棉花 30～40 天播种，马铃薯根系较浅，玉米、棉花根系深，因此在协调利用土壤养分、光能方面都有互补性。

（4）带宽（总播幅宽）

带宽是指两种间、套作物的总播幅宽，带宽是作物间套作的基本单元，包括两种间套作物的幅宽和间距。

（5）高度差

间、套种两种作物若有适当的高度差，可以增加受光面积，经济利用光能。早熟马铃薯为矮秆作物，与其他高秆作物进行间套种，可提高对光能的利用率。

2. 搭配原则

马铃薯与其他作物间作套种的搭配，应尽量使搭配作物的生长不受限制。

（1）高秆作物与矮秆作物进行间作套种

任何单作群体的株形、植株高度、根系分布都一样，要增加密度和叶面积指数很困难。早熟马铃薯的植株较矮，一般为 50～60cm，与高秆的玉米或棉花间作套种，显著提高间作套种复合群体的密度和叶面积指数，这与单作相比，提高了光能的利用率，充分发挥了边际效应。

另外，单一作物的群体在生长前期和后期叶面积都较小，当薯棉间作套种时，马铃薯 3 月上旬播种，4 月上旬已出苗生长，有了一定的叶面积，提高了光能利用率。

（2）喜温作物与喜冷凉作物间作套种

马铃薯喜冷凉气候，发芽出苗需要的温度较低（12℃左右），因此，可早于玉米、棉花等喜温作物 30～40 天播种，充分利用土地和光能。

（3）早熟与晚熟作物间作套种

马铃薯早熟品种的生育期从出苗到收获仅有 60 天左右，马铃薯与玉米间作套种，马铃薯收获后，玉米开始拔节、进入生长旺季，对主要作物玉米的影响不大。马铃薯与棉花间作套种时，棉花幼苗生长缓慢，马铃薯能为棉花的幼苗挡风，直至马铃薯收获后，棉花才进入生长旺季。上述两种间套模式，作物的共生期都较短，相互影响很小。

（4）深根作物与浅根作物间作套种

马铃薯的大部分根系分布在土壤表层 30cm 处，与玉米、棉花等深根作物间套作，可充分利用土壤中不同层次的养分，达到间套作物的双高产。

3. 布局原则

布局是指作物在地面空间的配置，设计时首先应考虑使作物间争光的矛盾减少到最低限度，而单位面积上对光能的利用率则达到最大限度；其次应考虑到有利于马铃薯的培土，便利田间管理，减少或不导致作物间的需水冲突，通风流畅，以利 CO_2流动供应，合理利用土壤养分，方便收获等。

间套作物的配置方式，还应保证间套作物的密度相当于或等于单作时的密度，以及有利于提早间套作物的播种期，而又不至于过度地延长共生期，使间套作物尽早占据地面空间，形成一个能够充分利用光热水肥气并具有强大光合生产率的复合群体。在马铃薯垄沟中直接套种玉米的配置方式，就不符合上述布局原则。因为这种间套模式因玉米播种过晚使植株穿不出马铃薯冠层，玉米因此受到遮阴影响，或因玉米播种过早使植株过早地穿出马铃薯冠层，而使马铃薯遭受遮阴影响。采取玉米宽幅双窄行与多行马铃薯间套的模式，则可不受播种期的限制，并能缓解两作物间遮阴的影响；同时也便于中耕培土、浇水施肥、收获等田间作业，对玉米则可获得最佳边际效应。

玉米进行宽幅套种时，必将影响单位面积上玉米的株数，幅距越宽影响越大。为保证玉米株数，可通过增多小行数和小行内株数来解决。这样在种植玉米的小条带内，玉米是处在高密度的条件下。在这种情况下，如果条带内玉米之间的株势悬殊，则会引起株间竞争而导致玉米减产。因此，必须从土壤耕作、种子大小、播种深度、匀苗等方面做到使玉米株势均匀一致，才能避免或减轻株间竞争。

高矮作物如玉米与马铃薯的复合群体受遮阴影响的主要是矮秆作物，高矮两作物之间的株高差越大，则高秆作物种植行对矮生作物冠层面的投影长度越长。冠层面的投影长度取决于太阳高度和太阳方位角，以及种植行的方向。不同的纬度和季节及一天中不同时间，太阳高度和太阳方位角随时都有变化，从而冠层面的投影长度也在不断变化。因此，在高矮的套作中，要掌握高矮作物的需光强度，做出合理的安排，为两作物的生长创造有利的条件，使间套作发挥出最大的优势。

4. 发挥马铃薯的生物学优势

马铃薯的生物学优势是早熟、光合效率高、增产潜力大。因此，在马铃薯与其他作物间作套种时，要充分发挥马铃薯的早熟和丰产特性，缩短共生期，为与马铃薯间套的作物创造更好的生长条件，提高单产和效益。通过以下多种栽培措施，发挥马铃薯的早熟丰产的特性：①选用早熟、高产和植株较矮的品种，同时利用其优质脱毒种薯，充分发挥品种的增产潜力。②进行种薯催芽处理，适期早播和覆盖地膜，促使马铃薯早出苗、早发棵、早结薯，缩短生育期，协调好间套作物的生长和产量。③配方施肥、促控结合，控制马铃薯的营养生长，尽快进入结薯期，及早收获，为间套作物提供良好的生育空间。

（四）间作套种模式

马铃薯是非常适宜间作套种的作物，内容丰富，并在继续发展中。现仅举一些行之有效的实用模式。

1. 薯粮间作套种

马铃薯与玉米间作套种、玉米套种秋马铃薯等，种植方式及田间管理简便，群众易于掌握。

（1）间套形式

粮薯间套种应用最普遍的是马铃薯和玉米间套，也有马铃薯与小麦间套的。马铃薯与玉米的行比是1∶1或1∶2，也有采用宽窄行双行套种的，即一行马铃薯、两行玉米；马铃薯的行距是133cm，株距17～20cm，行间套种双行玉米；玉米的小行距50cm左右，大行距83～85cm，株距35～38cm。马铃薯37 500～42 000株/hm^2，玉米37 500～45 000株/hm^2。为了减少相互影响，实现粮薯双丰收，马铃薯应选择早熟、分枝少、株形矮小而直立的品种，以缩短共生期。

（2）建立留种制度

实现马铃薯高产，必须实行“三种”，即留种、保种和选种。大田生产所用种薯都是来自上年留种田收获的薯块，留种田马铃薯生长期间严格进行拔杂去劣，选择具有本品种特征，长势好，无病虫危害，生长整齐的植株收获留种，切种前要对种薯进行精选，选薯皮光滑幼嫩，无病虫危害的薯块做种。

（3）选用高产良种

经试验示范，确定以适应性强、产量高、抗病毒、休眠期短、适宜春秋二季作种植的品种为当地高产良种。

（4）延长生长时间

为了满足良种对生育期的要求，采取生育期向两头延伸的措施，春薯提前不推后，秋薯推后不提前。即春薯要尽量做到早催芽，早播种，早出苗，赶前不推后；秋薯要做到适当延迟收获期，推后不提前。这样达到充分利用当地生长季节，延长生产时间，提高产量的目的。

（5）创造良好的土肥水条件

秋深耕25～30cm，施优质有机肥料75 000t/hm^2以上，结合秋深耕一次施入。生育期间及时进行中耕培土，追施化肥，勤浇水，以促进植株生长发育健壮，为块茎形成膨大、多结薯、结大薯创造良好的条件。

（6）协调好共生期

为了最大限度地利用光能和地力，减少玉米和马铃薯相互争光、争肥、争水的矛盾，要尽量缩短共生期，掌握前期促进马铃薯生长，实行玉米蹲苗的管理措施。采取早春催芽、提早播种、薄膜覆盖等促进早出苗、早发棵、早结薯的有效方法，一般可提早出苗7～10天，增产30%以上。

2. 薯棉间作套种

棉花是喜温作物，播种期较晚，苗期生长缓慢，棉田暴露面积大。实行棉薯间套种有利于充分利用生长季节、光能和地力。马铃薯根系浅，可吸收上层土壤中的水分和养分；

棉花根系深，主要吸收深层土壤中的水分和养分。实行棉薯间套种，既能扩大根系的吸收范围，充分发挥土壤中养分和水分的作用，又能使马铃薯向粮棉区发展，解决二季作区马铃薯与粮棉争地的矛盾。马铃薯与棉花间作套种是广大棉区推广的一种高效模式，利用此模式棉花不少收，还多收一季马铃薯。

（1）间套形式

一种形式是一行马铃薯两行棉花。马铃薯行距 133～140cm，株距 17cm，密度 45 000 株/hm^2左右。于 4 月中旬在马铃薯行间套种两行棉花，株距 23～33cm，密度 45 000～60 000 株/hm^2。另一种形式是两行马铃薯套种两行棉花。以 160cm 为一播种带，即马铃薯大行距 133cm，小行距 27cm，株距 17cm 左右。在马铃薯大垄背上套种两行棉花，36 000 株/hm^2左右。

（2）选用良种

马铃薯选用生长期短、株矮小、分枝少、茎秆直立、结薯集中的品种。棉花应选用当地大面积推广的主栽品种，确保主栽作物（棉花）的产量不受影响。

（3）适时播种

一般马铃薯可比棉花早播种 30 天左右，马铃薯齐苗后播种棉花，马铃薯收获后棉花才进入生长盛期。在种薯催好芽的基础上，芽栽时要有足够的底墒，以便减少缓苗期，提高成活率。秋薯要适当深栽（10～16cm），避免高温烧芽烂种。

（4）精细管理

为了缩短棉薯共生期，促进马铃薯早熟，在管理上要突出一个“早”字，即早催芽、早播种、早中耕培土、早追肥浇水、早防治病虫。后期如遇徒长，可喷打矮壮素抑制生长。

3. 双薯间作套种

双薯栽培，即利用马铃薯植株小、生育期短、喜冷凉气候的特点，于立春前后在准备栽培甘薯的垄背上种马铃薯，在马铃薯收获前 30～40 天再栽春甘薯。

（1）深翻地

前茬秋作物收获后，早灭茬耕翻，并犁成假垄，次年春破假垄施肥扶成真垄种植。破假垄前每公顷施农家肥 750 担、菜籽饼 375～525kg、复合肥 1125～1500kg。以上肥料混合后 2/3 施于垄沟底，另 1/3 在扶垄前施于垄中。

（2）选种催芽

选用早熟高产品种。早春将马铃薯放到温暖有光处晒种，使种皮发绿，芽变粗壮再切种、催芽，将切块芽眼向上排列 2～3 层，上盖湿沙，覆盖草帘，早揭晚盖。待芽长 1cm 左右，取出切块，见光绿化后即可播种。

（3）适时早播

断霜齐苗是高产的关键，覆膜种植以 2 月下旬播种为宜；露地种植推迟 10 天下种，4 月下旬栽甘薯，以 5～7 节壮秧为好。

（4）合理密植

采用高垄双行或小垄单行种植，高垄双行行距为 1.2m，两坡中段种马铃薯，株距 0.2m，密度 82 500 株/hm^2；在宽 0.4m 垄背上，栽两行甘薯苗，株距 0.23m，密度 60 000 株/hm^2。单行小高垄种植，垄距 0.6m，在小垄一侧或垄底种马铃薯，株距与密度同上。

（5）及时管理

马铃薯齐苗后，甘薯栽秧后 20～30 天，分别追施提苗肥，施碳铵 100～225kg/hm^2，甘薯缓苗后，及时摘心，有利于促进早发苗。双薯结薯期分别喷施磷酸二氢钾（0.2%浓度）1～2 次，每次相隔 10 天左右。马铃薯齐苗后和现蕾期两次培土。

四、二季作栽培法

所谓二季栽培，实际上就是一年种两季，即春季收获下来的马铃薯在当年再种一次。将第二季收获的马铃薯留到第二年春天做种，这种栽培制度，习惯上称二季栽培。

我国幅员广阔，气候差异很大，因此，第二季的播期颇不一致，有的为秋播，有的是夏播，也有的冬播，但其共同特点都是选择当地冷凉季节种第二季。下文讨论秋播二季作栽培技术要点。

（一）春薯栽培要点

二季作春马铃薯生产是初夏供应市场淡季蔬菜的重要来源。早春播种一般雨水少，需要有灌溉条件，同时北部地区早春土壤解冻晚，需要加盖地膜和加强田间管理。主要技术措施有以下三点：

1. 早播早收

早播早收是种好春季马铃薯的一条重要经验。马铃薯喜欢冷凉气候条件，早播早收能满足这一条件，使其丰产不退化。早播必须对种薯催大芽，以便播种后早发棵，早结薯。土壤解冻后应立即灌水、施肥、整地，争取早播种。同时结合播种覆盖地膜，提高土壤表层温度，既可防止种薯产生子块茎，影响出苗率，又可保持土壤湿度，有利于幼苗早出土。试验表明，加盖地膜一般收获期可提前 10～15 天。

2. 种薯催芽

利用二季作自留的种薯与春播种薯不同，由于秋季收后到春季播种前这段时间较短，到播种时种薯往往还未度过休眠期。这样的种薯，如果不加处理直接播种，就会产生出苗晚、出苗不齐的现象，影响产量。因此，在播种前必须进行催芽。

3. 田间管理

马铃薯产量与水肥条件直接相关，应尽量创造良好的水肥条件。广大农民对二季作马铃薯水肥管理的经验是“管前胜管后，管小胜管老”。因为二季作所用的品种都是早熟或中早熟品种，生育期短，要在短生育期内获得高产，抓紧苗期、前期的水肥管理非常关键。早管理，早催秧，就可以早结薯、结大薯，保证稳产高产。

（二）秋薯栽培要点

1. 切块催芽

当年春播收下的种薯，到秋播时只有 20～30 天的时间，此时种薯正处于休眠状态，因此破除休眠期，使其早发芽是二季秋播的关键问题。

切种的方法沿顶芽向下纵切成块，如果薯块大，再按芽眼横切。横切时刀口要贴近芽眼，因为空气是通过切口进入薯块内部的，切口离芽眼越近，越容易打破休眠，催芽的速度就越快。

切好的薯块，要首先放在清水中冲洗，随切随洗。冲洗后的薯块，再用 0.5～1mg/L 的赤霉素溶液浸泡 5～10min，晾干后再进行催芽。先将浸泡后的薯块与湿沙拌匀堆在一起，然后再盖上湿润的草帘，一般经 4～5 天就可出芽播种。

2. 防止烂种

高温高湿是造成烂种的主要原因，防止烂种保全苗是秋薯丰产的前提。解决烂种的方法有以下几点：

（1）适期晚播

以北京为例，7、8 月正是北京高温多雨的季节，如果 6 月下旬收获春薯立即催芽播种，正好遇上高温多雨的时期，因此，必须进行适期晚播。根据北京的具体条件，在 7 月下旬至 8 月初秋播为宜。

（2）起垄种植

为防止田间积水“泡汤”，除选择排涝性能好的砂土地种植秋薯外，一般多采用起垄种植的办法，其好处是涝能排，旱能浇，旱涝保收。

（3）小水勤浇

这是广大农民解决烂种缺苗的宝贵经验，不仅有效地解决了积水与需水的矛盾，而且还可以降低田间温度，为秋马铃薯全苗高产提供了经验。

五、马铃薯机械化种植技术要点

马铃薯种植机械的应用，能够提高作业速度，节省劳力，降低成本，提高产量。

（一）选地与整地

选择机械化种植马铃薯的地块，主要应注重地势平坦，最好是平地，缓坡地也行，但坡度要小要缓。垄向要与坡地的等高线相垂直（垄向顺坡）。切忌高低不平和斜坡。垄头要长。

选定的地块要进行深翻，深度达到 20～25cm。耙压要用重耙，并与垄向形成一定的角度，以消除墒沟。

（二）施好底肥和农药

按规定的数量，把做底肥的农家肥和化肥以及要基施的农药，均匀地撒于地面。撒后结合耙地，把肥料和农药耙入土壤中。也可用装有施肥器的播种机，在播种的同时施入化肥和农药。

（三）种薯准备

对种薯必须按种植要求，做好挑选、困种等工作。最关键的是切好芽块，使每一芽块达到 40～50g 重，并且大小均匀。不要有过长或腐片状的芽块，以减少空株和双株率，保证播种质量达到农艺要求。

（四）播种

使播种做到标准化、规格化，是机械化种植马铃薯丰产的基础。播种条件与一般种植一样。用马铃薯播种机播种，可将开沟、点种和覆土一次完成。使用马铃薯播种机播种时，一定调好播种深度和覆土厚度，使播深为 10cm，覆土厚 15cm。垄（行）距为 90cm、株距 20cm，垄（行）距为 80cm、株距 22cm，种植密度为每 55 500 株/hm^2（3700 株/亩）左右。行距必须均匀一致，否则在用拖拉机中耕培土时易伤苗，使株数减少，造成减产。

（五）田间管理

机械化种植马铃薯的田间管理，与一般种植相同。播后 1 周内，进行 1 次苗前拖耙，可使土碎地实，起到提温保墒作用。中耕培土，追肥和灭草进行两次，第一次在齐苗后进行，第二次在苗高 15～20cm 时进行，每次上土 5cm 左右。中耕培土时，必须调好犁铲和犁铧角度、深度和宽窄，才能保证既不切苗而又培土严实。

（六）收获

收获前 10 天左右，先轧秧或割秧，使薯皮老化，以便在收获时减少破损。采用机械收获的关键，是收获机进地前要调整好犁铲入土的深浅。入土浅了易伤薯块，收不干净；入土太深则浪费劳力，薯土分离不好，容易丢薯。另外，要调整好抖动筛的速度，以保证薯土分离良好并且不丢薯。如果土壤湿度大，收获机可以慢走，使薯土分离开来，不然薯块容易落到土里被埋。要配好捡薯人员，确保收获干净。

第三节　马铃薯特殊栽培技术

一、马铃薯的选种留种技术

马铃薯是无性繁殖作物，许多病害极易感染马铃薯并通过块茎世代传递并累积，扩大危害，使良种变为劣种，从而失去种用价值。因此，为了防止或减轻马铃薯生产中出现的种性退化问题，采取合适的选留种措施是十分必要的。

（一）留种方式

1. 高山留种

在各地选择海拔高、气候冷凉、风速较大的山地进行留种，可以减少薯块内病毒的含量。

2. 秋薯春播

将在秋季冷凉条件下生产、带病毒较少的择优薯块，作为第二年春薯生产用种。

3. 保护地冬播留种

利用温床或冷床在头年 10 月下旬至 11 月进行马铃薯冬播，将马铃薯的结薯时间调整到春季温度比较低的时间内，利用这些小薯块作为来年秋播的种薯，后代长势整齐、退化轻、产量高而稳定。

4. 利用实生种子生产种薯

马铃薯实生种子具有摒弃若干病毒的作用，因此，利用实生种子生产种薯可以大大降低种性退化问题。

（二）留种技术

马铃薯留种除要求更严格的地块选择，肥水管理条件外，还应在以下四个方面加以注意：

1. 去杂去劣

在马铃薯整个生育期中一般要进行三次去杂去劣。第一次是在出苗后半个月，将卷叶、皱缩花叶、矮生、帚顶等病株拔除，这次病株拔除是至关重要的，因该阶段幼苗最易感病，早拔除病株可以早消灭毒源，防止扩大浸染。第二次是在开花期拔除田间退化株、病株及花色、株形不同的杂株。第三次是在收获前将植株矮小或早期枯死的病株拔除，连病薯、劣薯以及不符合本品种特性的杂薯一起运走。

2. 单株混合选择

单株混合选择也称集团选，选符合该品种特征的性状，生长健壮，无退化现象的植株，做上标记，在生育期复查 1 ~ 2 次，发现植株出现异常的将标记去除。在收获时进行地下部块茎选择，选结薯集中、薯块大小整齐、薯皮光滑的单株。单株选、单株收，混合保存，作为下季种子田用种。

3. 单株系选

单株系选也称株系选、系统选。因同一马铃薯品种单株间染病情况不同，从而在产量上表现较大差异。通过单株选择，单株保存，株系比较，选优去劣，优中选优，优系扩大繁殖，经过4～6代的对比选优及繁殖，可选出高产、退化轻、种性好、无病的株系。该方法既防止了退化，病害，又进行了品种复壮。其具体办法是：第一年进行单株选择，其方法与前述的单株混选相同。将收获的单株块茎分别装袋储藏。第二年进行株系比较，连续进行2～3代比较。每个入选单株块茎种10～20株，形成一个株系（最好用整薯播种）。生育期间经常观察，淘汰染病株系，选择高产、生长整齐一致、无“退化”症状的株系作为下一代的入选优良株系。第三年或第四年将选得的优良株系块茎扩繁后做种薯。

4. 严格病虫防治，及早收获

留种地加强植株病虫防治，力争不出病株或少出病株。及早防蚜，避免病毒传播。在保证适当产量的前提下较商品薯提早收获20天左右，避免种薯受到高温或低温危害。

二、马铃薯掰芽育苗补苗繁殖技术

（一）循环切芽快繁技术

1. 催芽

方法与“马铃薯种薯催壮芽技术”中的温床催芽相同，不同的是要让芽长到2～3cm时，才在散射光下处理2～3天。

2. 作畦

选择背风向阳不积水的地方，按宽1m，长依种薯量而定。挖深40cm的池，下铺15cm的腐熟马粪或干草，洒水使粪湿润，上面再铺3～5cm混合土（1份有机肥、2份大粒沙子均匀混合）浇湿后，将已催芽种薯尾部向下置于混合土上，种薯与种薯间隔1cm。大小不同的种薯要分开。然后覆盖湿润的混合土10～12cm。用竹片薄膜制作的小拱棚封闭。棚内温度25℃以下即可，地温15～20℃为宜。注意浇水不可太湿。

3. 切芽移栽

当幼芽出土时，将种薯取出，切下5～6cm（2～3节）的芽，栽入装满营养土（1份有机肥、2份风沙土）的营养钵置于小拱棚，芽顶叶和地平面一致，或直接栽入露地须补苗处，浇水保持湿度，温度不超过25℃。将母薯再栽入原池盖膜。10～15天，再进行第二次剪芽，依此类推。一般用5～10kg种薯可繁殖4000株，种植一亩。

4. 掰芽移栽

为了简便也可采取掰芽的方法，即当幼芽出土时，将种薯取出，从幼芽基部带根毛一起掰下，栽入装满营养土（1份有机肥、2份风沙土）的营养钵，置于小拱棚，芽顶叶和地平面一致，或直接栽入露地须补苗处，浇水保持湿度，温度不超过25℃。将母薯再栽入原池盖膜。10～15天，再进行第二次掰芽，依此类推。一般用25kg种薯可繁殖4000株，种植一亩。

5. 移栽补苗

露地切芽和掰芽移栽补苗时，注意尽量多利用田间已发芽的幼芽长相健康的种薯，尽量保持在最短时间内补齐苗。

（二）分苗移栽技术

当田间苗高6cm左右时，把植株基部的土扒开，将侧枝带根从基部掰开，移栽到准备好的地块，并立即浇水。分苗移栽最好选择在下午或者阴雨天进行，这样移栽成活率高。

（三）单芽繁殖

种薯催出芽后可将每个芽眼纵切两块后播种，这样比一般切块方法提高繁殖系数一倍，但大田栽培易引起缺苗，可以利用网棚种薯繁殖。

三、脱毒苗温网室栽培技术

（一）壮苗处理

首先遇到的是移栽成活问题。一是在人工培养基上产生的幼苗，由原来的异养变为自养，叶片的光合功能不能适应；二是培养基上长出的幼苗根系不发达，基本无根毛；三是在人工培养条件下，瓶内湿度大，叶片没有蜡质层，很易失水；四是幼苗茎秆细弱，移栽成活率较低。因此，必须首先进行壮苗处理。

常用的壮苗方法有两种：一是把培养温度降低到15℃以下，提高光照强度3000lx；另一种方法是加入生长延缓剂B_9（5～10mg/L）。B_9处理后叶色浓绿，植株健壮，移栽成活率高，且方法简便。

（二）网室移栽

即使经过壮苗处理的小苗，直接种在大田也不易成活，必须先在塑料棚中栽种过渡。塑料棚容易控制温湿度，便于创造适宜小苗生长的条件。另外，脱毒苗生育期较长，而栽种脱毒苗的基地大多在冷凉地区，不能满足脱毒苗生长期的要求，提前一个多月栽植在塑料棚中，待晚霜过后再移植大田，就能解决这个问题。

1. 制作网室

棚的大小以宽2.2m、长5.5m、高1.5m为宜；用钢筋或竹片做支架均可，上用塑料布覆盖，四周用土封严，棚的两端留门。

棚的方向以南北向为好，既可以避免太阳直射，又可防止大风吹倒。扣棚应在移苗前15～20天进行，以便提高地温，创造适宜的移栽温度条件。

2. 整理苗床

扣棚后一周左右，即可进行浇水、施肥、耕翻土地、整地作畦。每棚纵向作畦两个，中间留20cm宽的畦垄。

3. 小苗移栽

先把脱毒苗从三角瓶的培养基中取出，取苗前，最好倒少量自来水，使培养基变软，然后用镊子轻轻夹取，再用自来水将根部琼脂冲洗干净，然后放入大烧杯中，烧杯底部垫上滤纸，小苗顶部盖上滤纸，即可运送。将运送来的小苗取出撒入水盆中，让其漂浮散开，然后即可移栽。移栽的行株距为6cm×5cm，每平方米约300株。移栽前用开沟器开沟，沟深2cm，沟底浇水，待水渗完后把小苗按要求的株距摆在沟内，轻轻覆土，立即用喷壶浇水。

4. 移栽后的管理

大体可分为以下三个阶段：

第一阶段是移栽后7天以内。这时，小苗光合作用能力很低，根少而无根毛，管理的重点是防止小苗失水干枯，促进早生新根，因此，必须维持较高的空气湿度。但土壤湿度不宜太大，否则土壤透气性差对发根不利。棚内温度维持在20℃左右，最高不超过30℃，温度超过30℃时则要遮阴降温，防止小苗徒长。

第二阶段是在7～25天内。此时成活的小苗已长出新根和新叶，应加强光照，促进叶片发育，同时可以逐渐揭开塑料棚以降低棚内温度锻炼幼苗。

第三阶段是25天以后到移栽定植大田，这时植株已形成较大的叶面积和发达的根系，开始进入迅速生长期，如果温湿度太高，光照不足，很易形成徒长。因此，除继续加强水肥管理外，应开始注意蹲苗，控制水分，加强光照，揭开塑料棚。株高达到15cm左右，有6～7片真叶时即可定植大田。

（三）定植大田

定植前，先做好大田耕翻施肥，整地作畦工作。行株距为50cm×33cm，40 000株/hm^2。栽苗后立即浇水，过1～2天后再复浇一次水，以利缩短苗期，提高成活率。

定植后的几天之内，应保持土壤湿润，以后的管理应根据脱毒苗的生长特点进行。在开始阶段，植株的根茎叶都很小，所以生长速度很慢。到现蕾阶段，植株已具备足够的叶片制造养分，生长速度迅速加快，长势旺盛，很快就能赶上用块茎培育的植株。后期脱毒苗比块茎培育出来的植株粗壮繁茂。在管理上要求水肥集中在前期使用，在现蕾开始注意蹲苗，控制营养生长，促进块茎形成膨大。

（四）脱毒苗保存

经过病毒鉴定的脱毒苗须长期进行保存，可供进一步扩大繁殖用，或作为国内外品种交换的材料。另外，“试管苗”体积小，占用空间小，也是保存品种资源的好办法。

长期保存试管苗的方法有以下两种：

1. 继代培养

每个品种可以接种2～3瓶。保存用的容器可以选用较大容量的三角瓶（150ml），在三角瓶中加1/2以上的培养基，培养基中的琼脂含量（7g/L）高于一般切段繁殖，每瓶接种2～3个切段，加入10mg·LB_9以延缓小苗生长。保存用的培养基要求全成分（除去植物生长调节剂），培养温度范围为5～25℃，在较低的温度下，保存时间可以更长。光照强度1000lx，隔2～3代培养一次。

2. 低温保存

将切段在试管培养基上培养，待植株长至2cm左右，即放入4℃冰箱中，于暗处保存，可达1年左右。

保存用的切段最好在液体培养基上培养，保存一段时间后，植株黄化，顶部膨大形成气生块茎。如果以气生块茎保存，能保存更长的时间。气生块茎不呈休眠状态，如须做进一步扩大繁殖，把气生块茎放在常温培养室中，能立即生芽长根形成植株。

四、马铃薯多层覆盖高效栽培技术

马铃薯多层覆盖栽培技术是相对于马铃薯地膜栽培来讲的。我们将马铃薯地膜覆盖栽培称为一层覆盖。将二层、三层等覆盖形式统称为马铃薯多层覆盖栽培。其管理技术类同。

（一）马铃薯多层栽培的理论依据

马铃薯生长发育需要较冷凉的气候条件。10cm 地温 7～8℃，幼芽即可生长；幼苗可耐-2℃气温，即使幼苗受到冻害，部分茎叶枯死、变黑，但在气温回升后还能从节部发出新的茎叶，继续生长；茎叶生长最适宜的温度为 21℃；地下部块茎形成与膨大最适宜的温度为 17～18℃，超过 20℃生长渐慢。

（二）适宜地区

暖温带季风大陆性气候，四季分明，年平均气温为 13.6℃，年平均地温为 16.3℃。月平均气温以 1 月最低，一般在-1.8℃，7 月最高，一般在 26.9℃。最高气温≥35℃的炎热天气一般始于 5 月中旬，止于 9 月下旬，以 7 月出现最多；日最低气温≤-10℃的严寒期一般止于 2 月上旬。降水量多年平均为 801mm，年内降雨多集中于 6—9 月，占全年降水量的 71.66%；7、8 月占 49.15%。

多层农膜覆盖早期可以提高地温、气温。利用多层农膜覆盖进行早春马铃薯栽培，可以适当提早播种期，适当早收获，以避开高温、高湿季节，同时使马铃薯块茎膨大期处于凉爽、干燥、昼夜温差大的时间段，产量高，品质好。

（三）操作流程

1. 选用优良品种和高质量的脱毒种薯——打好高产基础

根据二季作区的气候特点，应选用结薯早、块茎膨大快、休眠期短、高产、优质、抗病、适应市场需求的早熟品种，如荷兰 15、鲁引 1 号、荷兰 7、费乌瑞它等。

2. 精耕细作——创造适宜的生长条件

选择土壤肥沃、地势平坦、排灌方便、耕作层深厚、土质疏松的砂壤土或壤土。前茬避免黄姜、大白菜、茄科等作物，以减轻病害的发生。前茬作物收获后，及时清洁田园，将病叶、病株带离田间处理，冬前深耕 25～30cm，使土壤冻垡、风化，以接纳雨雪，冻死越冬害虫。立春前后播种时及早耕耙，达到耕层细碎无坷垃、田面平整无根茬，做到上平下实。

3. 催芽播种，保证全苗——拿全苗夺高产

播种前 30～35 天切块后催芽。催芽前将种薯置于温暖有阳光的地方晒种 2～3 天，同时剔除病薯、烂薯。

4. 药剂拌种，防虫防病——出苗早、苗齐、苗壮

通过药剂拌种可以很好地预防苗期黑痣病、干腐病、茎基腐。同时能预防苗期蚜虫、地下害虫蝼蛄、金针虫的危害。

5. 适期播种——将产品形成期安排在最适宜季节

马铃薯播种时应做到适期播种，使薯块膨大期处在气候最适合的时间段，以获取最大产量。

6. 宽行大垄栽培——创造良好的田间生长微环境实行栽培，改善通风状况

宽行大垄栽培：一垄双行，垄距由原来的 70cm 加宽到 75～80cm，亩定植 5000～5500 株；一垄单行，垄距由原来的 60cm 加宽到 70cm，亩定植 4500～5000 株。大垄栽培：培大垄，减少青头，增加产量。

7. 加强田间管理

及时破膜，播种后 20～25 天马铃薯苗陆续顶膜，应在晴天下午及时破孔放苗，并用细土将破膜孔掩盖。防止苗受热害。加强拱棚温度管理，拱棚内保持白天 20～26℃，夜间12～14℃。经常擦拭农膜，保持最大进光量。随外界温度的升高，逐步加大通风量，当外界最低气温在 10℃以上时可撤膜，鲁南地区可在 4 月中旬左右。早期温度低，以提高地温为主。通风的时间长短、通风口的大小由棚内温度决定。三膜覆盖中内二膜出苗前不必揭开。出苗后应早揭、晚盖。只要外界最低气温在 0℃以上夜间就可以不盖。

马铃薯的灌溉应是在整个生育期间，均匀而充足地供给水分，使土壤耕作层始终保持湿润状态。掌握小水勤灌的原则，切忌大水漫灌过垄面，以免造成土壤板结，影响产量。坚持绿色植保理念，在病虫害防治上以农业防治为主，物理防治、生物防治、化学防治为辅。

第四节　马铃薯增产措施

一、合理密植技术

合理密植是增产的重要环节。所谓“合理密植”就是正确解决个体生长与群体生长之间的关系，不仅要使个体生长发育良好，而且要最大限度地利用光能和地力，充分发挥群体的增产作用。

（一）马铃薯的产量结构

马铃薯的产量由单位面积上的株数、单株结薯数和薯重构成。单位面积上的株数决定于种植密度，单株结薯数又是由单株主茎数决定的。单位面积产量具体可用下式表示：每公顷产量=株（穴）数×单株（穴）结薯数×平均薯重。式中单株（穴）结薯数=单株主茎数×平均每主茎结薯数。

（二）合理密植增产原理

密度是构成马铃薯产量的基本要素，增加种植密度，可使单位面积上的株数、茎数和结薯数增加。因此，在密度偏低的情况下，增加密度可有效地提高单位面积上的产量。但是，只有使上述三个产量因素协调起来，才能获得高产，过稀过密都会造成减产。密度过稀，单株生长发育好、产量高，但由于株数太少，不能充分利用地力和阳光，单位面积产量就会受到影响；密度过大，单位面积株数增多，地力和阳光可以充分利用，但由于植株相互遮阴，通风透光受到影响，甚至会形成只长秧子不结薯的“疯长”现象，同样达不到增产目的。合理密植在于既能发挥个体植株的生产潜力，又能形成合理的田间群体结构，达到合理的叶面积指数，从而有利于光合作用的进行和群体干物质积累，获得单位面积上最高产量。

马铃薯产量的高低，主要取决于光合产物积累的多少。而光合产物积累的数量又与光合作用主要叶片的数量（叶面积系数）、光合效率（净光合生产率）、光合时间有密切关系。三者的乘积越大，马铃薯产量就越高。

叶面积的大小由密度所控制。在一定范围内，随着叶面积系数的增大，产量也相应增加；超过一定范围，由于叶面积过大，遮阴严重而改变了田间的光照、温度、水分、空气、养分等状况，使光合生产率和光合时间严重受到影响。在这种情况下，产量不但不会增加，反而会下降，所以必须正确地确定合理密度。实践证明，马铃薯叶面积系数应控制在 3.5～4.5 的范围内，并维持较长的时间对增产最为有利。常用确定叶面系数的方法来确定合理的密度，其具体步骤是：先根据当地的具体条件确定出所需要的叶面积系数。如水肥条件较好，叶面积系数可定得低一些，以免后期雨水过多导致徒长，以 3.5～4.5 比较适宜。如水肥条件差，则可定得稍高些，以 3.8～4.5 较好。叶面积系数确定后，即可用品种的单株叶面积，按公式计算出每亩应种的株数。

每公顷株数＝叶面积系数×10 000/单株叶面积（m^2）

单株叶面积早熟品种一般为 0.3～0.5m^2，中晚熟品种为 0.5～0.7m^2。

（三）合理密植的原则

马铃薯播种密度的确定应依品种、土地肥力、栽培季节、栽培措施、栽培方式、生产目的而定。一般来讲，早熟品种宜密，中晚熟品种宜稀；瘠薄地宜密，肥沃地宜稀；秋播宜密，春播宜稀；一穴单株宜密，一穴多株宜稀；生产种薯宜密，生产商品薯宜稀。

（四）适宜的密度范围

近年来，随着栽培技术的提高和管理措施的改善，种植密度都有所增加，已由过去 30 000～45 000 株/hm^2，增加到 60 000 株/hm^2左右。目前合理的种植密度是一季作春薯 52 500～67 500 株/hm^2；二季作春薯 75 000～90 000 株/hm^2，秋薯 105 000～120 000 株/hm^2。

（五）种植方式

主要种植方式可以概括为以下三种形式：

1. 一穴单株法

就是每穴只放一个种薯。株、行距的搭配及种植密度是：一季作区采用行距 50cm，株距 26～33cm，60 000～75 000 株/hm^2；春秋二季作区，春马铃薯采用行距 45～50cm，株距 20～22cm，82 500～112 500 株/hm^2；秋马铃薯应适当缩小株、行距，增加种植密度，120 000 株/hm^2。

2. 一穴双株法

在水肥条件好的地方可采用这种种植方式。具体做法是：等行距播种，一穴双株，双籽单堆，间距 7～9cm，行距 55～60cm，穴距 40cm 左右。一季作区 60 000～82 500 株/hm^2，二季作区根据春播宜稀、秋播宜密的原则，适当增加密度。这种播种方式的好处是通过调节株行距，较好地解决了密植与通风透光的矛盾，且便于中耕培土。

3. 大小垄栽培法

为了协调株数、薯数和薯重三者的关系，合理解决密度和通风透光、中耕培土之间的矛盾，目前试验推广了大小垄（宽窄行）种植、双行培土的种植方法。即大垄背宽 66cm，小垄背宽 33cm，株距 25～28cm，进行交错点种，结合中耕将小垄背上的两行植株培土成垄。从而为马铃薯合理密植，提高单产提供了科学的种植方式，有效地解决了通风透光和中耕培土问题。

二、配方施肥技术

配方施肥亦即测土配方施肥。马铃薯的配方施肥，与其他作物的配方施肥一样，即根据土壤和所施农家肥中可以提供的氮、磷、钾三要素的数量，对照马铃薯计划产量所需要的三要素数量，提出氮、磷、钾平衡配方，再根据配方用几种化肥搭配给予补充，来满足计划产量所需的全部营养。

（一）马铃薯配方施肥的意义

肥料是调节农作物营养、提高土地肥力、获得农业持续稳定高产的必不可少的物质基础。但是，施肥量与作物产量之间不是简单的、机械的增减关系。在一定范围内，多施肥可以多增产，但若超出这个范围，盲目地多施肥、滥施肥，则不仅造成肥料和资金的浪费，作物还会出现贪青倒伏、病虫害严重等问题，从而造成减产。马铃薯种植中的施肥，也存在同样的问题。实行配方施肥是解决上述问题的好办法。

在一些农业发达国家，配方施肥早已成为一种常规的农业技术，被普遍应用。我国当前的农业经济基础还比较薄弱，特别是马铃薯主产区的农民还不富裕，同时我国的化肥产量还满足不了生产上的需求。通过配方施肥技术的推广应用，实行合理施肥、科学施肥，就能有效地减少营养成分的损失，提高肥料的利用率，不仅节省了肥料，减少了生产投入，降低了生产成本，还使有限的化肥得到充分利用，取得理想的产量。同时还能改良和培肥土壤，使地力不断提高，为农业生产连续丰收打好基础。

（二）马铃薯配方施肥的实施要点

实行马铃薯的配方施肥，既要考虑马铃薯的需肥特点，又要考虑到当地的土壤条件、气候条件和肥料特性，特别还要考虑当地的技术水平、施肥水平、施肥习惯和经济条件等综合因素。

1. 测土

进行土壤营养成分和所施用的农家肥营养成分的化验，测出土壤和农家肥中的氮、磷、钾的纯含量，再按有效利用率计算出可以供给马铃薯生长利用的氮、磷、钾数量（每种有效成分×有效利用率）。

2. 配方

依据马铃薯每生产1000kg块茎，需纯氮5kg、纯磷（P_2O_5）2kg、纯钾（K_20）11kg的标准，计算出预计达到产量的氮、磷、钾的总需要量，再减去土壤和农家肥中可提供的氮、磷、钾数量，即得出需要补充的数量（分别须用氮、磷、钾的总数量，减去土壤和农家肥中可分别提供的氮、磷、钾数量，就是需要分别补充的氮、磷、钾数量）。最后根据当地的施肥水平和施肥经验，对需要补充的各种肥料元素数量进行调整，提出配方。

3. 施用

按照化肥的有效成分和有效利用率，计算出需要施用的不同品种的化肥数量。根据施肥经验，决定基肥和追肥分别施用的品种和数量。

三、早熟高产措施

（一）选用早熟品种

选用具有生育期短、抗病性强、芽眼浅、产量高等特点的品种。

（二）催芽晒种，小整薯播种

选择背风向阳的地方先做一阳畦，深33cm，宽1m，长根据种薯数量而定。早春将种薯提前出窖，平铺畦底，上盖3cm厚的土，畦上再覆盖塑料布，晚上加盖草帘防冻。待种薯长出1cm左右的幼芽时，即可将种薯上面的土去掉进行日晒，塑料布早揭晚盖，以利培养短壮芽。

小整薯播种，一是可以利用顶端优势，早出苗，出全苗，苗壮苗齐；二是可以防止病菌病毒借切刀传染，减少病害，防止烂种，增强抗旱能力；三是主茎数多，根系发达，生长快，叶面积大，光合效能高，增产显著。

（三）薄膜覆盖，合理密植

实践证明，地膜覆盖具有提高土壤温度、保持土壤水分、促进生长发育、延长生育时间、提高单位面积产量的效果，是马铃薯早熟高产的重要措施。随着我国塑料工业的不断发展，广泛利用塑料薄膜是很有前途的。盖膜栽培中值得注意的问题有以下几点：

1. 整地盖膜问题

整地、作畦、盖膜要尽量提早，并连续作业，防止跑墒。如遇墒情不好，要先灌水后盖膜。在不受晚霜危害的前提下，播种期可适当提前。

2. 除草问题

盖膜栽培除草不便，因此，防除杂草不容忽视。盖膜前必须用安全、长效的除草剂进行喷洒，以防草荒。

3. 风害问题

我国北方春季多风，如果盖膜不严不紧，就容易被风刮开，影响盖膜效果。因此，盖膜必须封严踩实。

4. 盖膜机械化问题

盖膜栽培工序多，时间紧，费工费时，有时还达不到质量要求，因此，大面积推广应用，必须解决机械化问题。

（四）黄土高原沟壑山区高产措施

1. 秋季深耕

马铃薯比其他农作物更要求深厚、松软而湿润的土层，以利根系的发育和块茎的形成膨大。种植马铃薯的田块，在前茬作物收获后应立即进行秋深耕，并在春季土壤解冻后进行浅耕和耙耱。这一地区春冬雨雪少，十年九春旱，秋耕后还应立即进行耙耱，并在严冬期磙压1～2次，解冻后磙耙各一次。

各地实践证明，加深秋耕深度并行春季耙耱，对提高马铃薯的产量有很大作用。

2. 选用抗旱品种

凡抗旱能力强的品种，其根系拉力、根鲜重和植株覆盖度均较抗旱能力差的品种为高，马铃薯的单位面积产量也将随着抗旱性的增强而增高。因此，选用抗旱品种是黄土高原沟壑山区实现马铃薯高产的经济有效措施。目前，表现抗旱能力强，适宜旱作栽培的品种有晋薯1号、系薯1号、中心24、乌盟851、坝薯10号、紫花白、陇薯3号、新大坪等，各地可因地制宜选择推广应用。

3. 集中施用基肥

基肥中以腐熟良好的厩肥对马铃薯的增产效果最大，在砂土中效果尤为显著。这首先是因为厩肥肥效慢而持久，能不断满足马铃薯各生育期对养分的需要；其次是厩肥能改善土壤物理结构和植株周围的空气条件。

集中施用基肥的方法，是在春季种植时开沟条施或穴施。这种施肥法，在我国目前厩肥及矿物质肥料来源不足的情况下，对提高肥效和经济利用肥料是极为合理的。青海省的实践表明，耕地前施厩肥22 500kg/hm^{2}和播种时穴施厩肥7500kg/hm^2，比耕前一次撒施30 000kg/hm^{2}增产11.4%。由此可见，集中施肥的好处在于改善马铃薯的营养，而为其后的块茎形成膨大奠定了营养基础。

4. 增加种植密度

国内外大量的生产实践证明，合理密植是提高单位面积马铃薯产量的有效措施之一。前文已有讨论。山西省宁武县，近年来马铃薯种植密度由过去45 000株/hm^{2}左右增加到现在的75 000～90 000株/hm^2，密度增加了将近一倍，单产翻了一番还多，单产提高到21 000kg/hm^2。在干旱瘠薄的沟壑山区适当增加马铃薯种植密度，增产效果尤为显著。

第四章　马铃薯食品加工技术

第一节　马铃薯制品加工

一、鲜切马铃薯制品

鲜切马铃薯，又名最少加工马铃薯、半加工马铃薯、轻度加工马铃薯或马铃薯净鲜半成品等，它是指以鲜马铃薯为原料，经分级、清洗、整修、去皮、切分、保鲜、包装等一系列处理后，再经过低温运输进入冷柜销售的即食或即用马铃薯制品。鲜切马铃薯既保持了马铃薯原有的新鲜状态，又经过加工使产品清洁卫生，属于净菜范畴，天然、营养、新鲜、方便以及可利用度高（100%可用），可满足人们追求天然、营养、快节奏的生活方式等方面的需求。

鲜切马铃薯是马铃薯加工的一个重要方向，由于其具有自然、新鲜、卫生和方便等特点，日益受到消费者的喜爱。鲜切马铃薯可供餐饮业和家庭直接烹饪，可广泛应用于快餐业、宾馆、饭店、单位食堂或零售，节省时间，减少马铃薯在运输与垃圾处理中的费用，符合无公害、高效、优质、环保等食品行业的发展要求。鲜切马铃薯不但可拓宽马铃薯原料的应用范围，实现马铃薯的综合利用，而且是马铃薯产业化链条的一个新的突破点。

（一）工艺流程

鲜切马铃薯的工艺流程包括：

马铃薯原料→清洗→杀菌→去皮→切分（丁、片、丝、块）→漂洗→护色→滗干→真空包装→计量→冷藏。

主要设备：切制机、漂洗杀菌机、清洗机等。

（二）操作技术要点

1. 选料

选择表面光滑，色泽正常，不发芽，不变绿，薯块肥大、硬实，无病虫害，无人为机械损伤，酚类物质含量低，去皮切分后不易发生酶促褐变等的新鲜马铃薯。

2. 清洗

清洗的目的是去除马铃薯表面的泥土和杂质：用自来水在清洗机中清洗，去除表面的泥污、杂质等。

3. 杀菌

用漂洗杀菌机在 100ppm 的次氯酸钠溶液浸泡 10～15min 杀菌。杀菌后用自来水清洗 1～2 次，以减少其表面的氯残留。

4. 去皮

马铃薯去皮方法主要有摩擦去皮、碱液去皮、蒸汽去皮或碱液与蒸汽去皮相结合。

（1）摩擦去皮

摩擦去皮设备是摩擦去皮机，可以批量或连续生产。摩擦去皮机主要是由铸铁圆筒体和装置在圆筒里面纵轴上的铸铁摩擦转盘所组成，转盘和圆筒内壁都涂有金刚砂磨料。机身内部设有水管，水通过喷嘴喷入机内，废水和皮通过底部的管子排出，如图 4-1 所示。

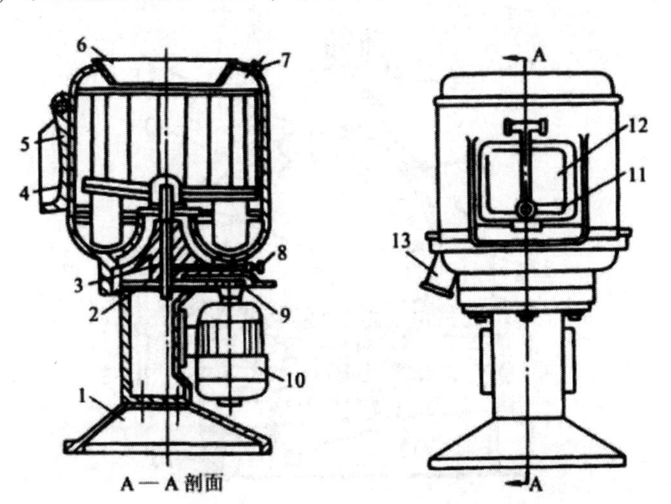

1—机座；2、9—齿轮；3—轴；4—圆盘；5—圆筒；6—加料斗；7—喷嘴；
8—加油孔；10—电动机；11—把手；12—舱口；13—排污口

图 4-1　马铃薯摩擦去皮机

该设备的主要特点是保证块茎与设备内表面起摩擦作用，摩擦出的碎皮用喷射水冲出机外。该设备坚固耐用，使用方便，成本低。但对原料的形状有一定要求，马铃薯要呈圆形或椭圆形，芽眼少而浅，大小均匀，没有损伤，芽眼深的马铃薯需要进行额外的手工修整。去皮后马铃薯得率大约为90%。

（2）蒸汽去皮

蒸汽去皮有连续式和间歇式两种。间歇式蒸汽的压力为600～700kPa，马铃薯送入蒸汽时间为30～90s；连续式蒸汽压力为300～400kPa，马铃薯送入蒸汽时间在30s左右。蒸过的马铃薯送至清洗机，用喷射水冲去脱下的皮。蒸汽去皮的优点是去皮均匀、完整。经蒸汽去皮后，还要进行人工修整，除去残留的皮。

蒸汽去皮是一种有效的加工方法，将马铃薯在蒸汽中进行短时间处理，使马铃薯的外皮产生水泡，这样就能很容易地用流水冲去外皮。蒸汽去皮对原料的形状没有要求，蒸汽可均匀作用于整个马铃薯表面，大约能除去5mm厚的皮层。

（3）碱液去皮

碱液去皮是将马铃薯放在一定浓度和温度的强碱溶液中处理一定时间，软化和松弛马铃薯的表皮和芽眼，然后用70MPa压力的喷射水冲洗或搓擦，表皮即脱落。碱液去皮条件为：碱液浓度为8%，温度95℃，时间5 min，配以1.5%的酸中和效果最好。去皮后马铃薯得率为87%，去皮厚度大约为5mm，碱液去皮对薯块形状没有要求，如图4-2所示。

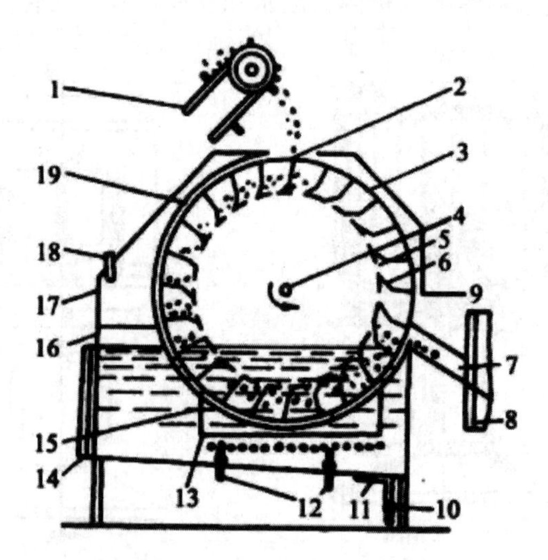

1—与初洗机相接的板式升运机；2—加料斗；3—带斗状桨叶的旋转轮；4—主轴；5—铁丝网转鼓；6—桨叶（片状）；7—卸料斜槽；8—复洗机；9—护板；10—碱液排出管；11—槽的清除口；12—蒸汽蛇管；13—碱液加热槽；14—架子背面；15—护板；16—碱液槽；17—罩；18—碱液加入管；19—主护板

图 4-2 碱液去皮机（纵剖面图）

（4）化学去皮

化学去皮流程如下：洗净的马铃薯→化学脱皮剂中浸泡→冷水池中用毛刷搅拌或人工搅拌去皮→护色→漂洗→去皮马铃薯。化学脱皮剂的优点是原料损耗小，化学浸泡液可多次使用，成本较低，对环境无污染。

去皮过程中要注意防止由多酚氧化酶（PPO）引起的酶促褐变。常采取添加酶反应抑制剂（如亚硫酸盐）、用清水冲洗等措施防止褐变。

5. 切分

使用切制机进行切分。切分成符合饮食需求、利于保存、大小一致的马铃薯丝、丁、片、块。丝和片的厚度为 3～5mm。

6. 护色处理

切分后用自来水冲洗 1～2 次以减少切割表面渗出的营养成分，减少微生物的繁殖。采用曲酸、山梨酸钾和柠檬酸等护色剂进行护色处理。

7. 滗干

滗干马铃薯表面的水分，以防止微生物的滋生和蔬菜组织的软烂。采用鼓风的方式吹干马铃薯表面的水分。

8. 真空包装

滗干后，按一定的重量标准进行称量，分装入真空包装袋，采用多用真空封装机进行真空包装。

9. 冷藏、配送与零售

冷藏、配送与零售必须在低温下冷链操作。采后立即在低温下运输或预冷（在两小时内使原料温度降至 7℃以下），清洗用水需 10℃以下，分级、切割、包装等的环境温度在 7℃以下，冷藏温度在 5℃以下，包装小袋要摆成平板状。配送运输时，要使用冷藏车，或带隔热容器和蓄冷的保冷车。销售时，货架温度控制在 5℃以下。

（三）鲜切马铃薯褐变及微生物的控制

1. 褐变的控制

在鲜切马铃薯加工中，热处理会对组织产生伤害，从而加速产品的败坏。而采用亚硫酸盐处理，又会造成二氧化硫的残留，对人体产生一些不良的影响。因此，在鲜切马铃薯加工中，必须采用其他的方法来抑制酶促褐变的发生。

（1）化学方法

有望取代亚硫酸盐抑制酶褐变的化学药剂，主要有柠檬酸、抗坏血酸、半胱氨酸、4-己基间苯二酚等。如对去皮切片马铃薯，用0.5%半胱氨酸加2%柠檬酸浸泡3min，可有效控制褐变的发生。

一般防褐变的化学处理，都要在包装前进行，并且以几种药剂混合浸渍处理的效果比较好。用防褐变药剂结合可食性涂膜处理，则能取得更好的效果。

（2）物理方法

鲜切马铃薯采用低氧和高二氧化碳气调包装，可有效控制产品储藏期间酶促褐变的发生。一般适宜的氧气浓度为2%～10%，二氧化碳浓度为10%～20%。如切片马铃薯用20%的二氧化碳加80%的氮气进行气调包装，可有效地控制储藏期间褐变的发生。

（3）酶法

酶法就是利用蛋白酶对多酚氧化酶的水解作用，从而抑制其活性和酶促褐变的发生。目前已分别从无花果、番木瓜和菠萝中提取得到三种蛋白酶，即ficin、papain和bromelain，它们都能有效控制酶促褐变的发生。如用ficin抑制马铃薯的褐变，其作用与亚硫酸盐相当。

2. 微生物生长的控制

生产上控制微生物生长的方法主要有以下五种：

（1）创造低温条件

创造低温环境，可有效抑制微生物的生长，从而达到保持品质，延长货架期的目的。因此，在鲜切马铃薯的加工、储存和流通过程中，应尽可能创造适宜的低温条件，一般为0～5℃。

（2）使用化学防腐剂

醋酸、苯甲酸、山梨酸及其盐类，可有效地抑制微生物的生长繁殖，这对那些在低温下仍能生长的腐败菌和致病菌，是一个很有效的控制措施。

（3）气调包装

采用适当的低氧和高二氧化碳气调包装，能抑制好气性微生物的生长。但是，必须注意避免缺氧环境，防止厌氧微生物的生长和产品本身的无氧酵解而产生异味。

（4）降低 pH 值

鲜切马铃薯组织的 pH 值一般为 4.5 ~ 7.0，正适宜各种腐败菌和致病菌的生长。在鲜切马铃薯中加入适当的醋酸、柠檬酸和乳酸等，可降低马铃薯组织的 pH 值，抑制微生物的生长繁殖，但一定要掌握好用量。否则，过多的酸会破坏新鲜马铃薯本身的风味。

（5）应用生物防腐剂

生物防腐剂，是指来自植物、动物及微生物中的一类抗菌物质。由于鲜切马铃薯为即食产品，化学防腐剂的应用受到一定限制，因此，来自生物的天然防腐剂的研究和应用，便日益受到重视。现已发现，乳酸菌的代谢物细菌素或类细菌素，能有效地抑制鲜切马铃薯中嗜水气单胞菌和单核细胞李氏杆菌等有害微生物的生长。

二、脱水马铃薯制品

（一）马铃薯全粉

马铃薯全粉是一种很重要的马铃薯深加工产品。因其在加工中没有破坏植物细胞，基本上保持了细胞壁的完整性，其制品仍然保持了马铃薯天然的风味及固有的营养价值。

马铃薯全粉既可作为最终产品，也可作为中间原料制成多种后续产品，多层次提高马铃薯产品的附加值，并可满足人们对食品质量高、口味好、价格便宜、食用方便的要求。马铃薯全粉是食品深加工的基础，主要用于两方面：一方面是作为添加剂使用；另一方面马铃薯全粉可做冲调马铃薯泥、马铃薯脆片等各种风味和强化食品的原料，经科学配方，添加各种调味料和营养成分，制成各种形状，广泛应用于制作复合薯片、坯料、薯泥、糕点、膨化食品、蛋黄浆、面包、汉堡、冷冻食品、鱼饵、焙烤食品、冰激凌及中老年营养粉等全营养、多品种、多风味的食品。其可加工特性优于鲜马铃薯原料。

1. 马铃薯雪花粉

马铃薯雪花粉（Potato Flake，某些文献中直译为马铃薯片）是一种似片状雪花的粉状产品。由于在加工中淀粉细胞结构较少（约 21%）受到破坏，产品的复水性好，特别适用于制作马铃薯泥、片、条等食品。

（1）工艺流程

马铃薯雪花粉制作的工艺流程具体包括：原料→清洗→去皮（修整）→切片（切丝）漂汤→冷却→蒸煮→制泥→滚筒干燥→制粉→检验→计量包装→产品。

关键技术包括亚表皮蒸汽去皮（损失≤8%）、蒸煮、无剪切制泥、滚筒干燥。主要设备包括蒸汽去皮机、漂烫机、蒸煮机、制泥机、滚筒干燥机等。

（2）操作技术要点

①原料选择

要选择块茎形状整齐、大小均匀、皮薄、芽眼浅、比重大、还原糖含量低的马铃薯作为全粉加工原料。剔除发芽、发绿的马铃薯以及腐烂、病变薯块。

原料品种的选择对制成品的质量有直接影响。不同品种的马铃薯，其干物质含量、薯肉色、芽眼深浅、还原糖含量以及龙葵素的含量和多酚氧化酶（PPO）含量都有明显差异。干物质含量高，则出粉率高；薯肉白者，成品色泽浅；芽眼越深越多，则出粉率越低；还原糖含量高，则成品色泽深；龙葵素的含量多则去毒难度大，工艺复杂；多酚氧化酶含量高，半成品褐变严重，导致成品颜色深。

另外，原料的储存情况也直接影响加工质量。一是储存过程中发生的各种病虫害、腐烂、发芽；二是马铃薯具有“低温糖化”的现象，马铃薯在0～10℃储藏时，组织细胞中的淀粉极易转化为糖，其中以蔗糖为主，还有少量的葡萄糖和果糖。而淀粉含量则随着储藏期的延长而逐渐降低。据试验，储藏2～3个月的出粉率可达12%以上，而储存12个月以后，就降低到9%，而且成品的颜色也深。

②清洗

清洗的目的是要去除马铃薯表面的泥土和杂质。在生产实践中，可通过流送槽将马铃薯输送到清洗机中，流送槽一方面起输送作用，另一方面可对马铃薯浸泡粗洗。清洗机可选用鼓风式清洗机，靠空气搅拌和滚筒的摩擦作用，伴随高压水的喷洗把马铃薯清洗干净。

③去皮

适合于马铃薯的工业去皮方法有摩擦去皮、碱液去皮、蒸汽去皮和化学去皮。采用哪一种方法由加工马铃薯食品的要求和具体的条件而定。

④修整

修整的目的就是要除去残留外皮和芽眼等。因为芽眼处龙葵素和酚类物质含量较高，所以应尽可能去除干净。

⑤切片切丝

切片切丝的目的在于提高蒸煮的效率，或者说降低蒸煮的强度。可选用切片切丝机，切片厚度为8～10mm。切片过薄，会使成品风味受到损害，干物质损耗也会增加。为了防止切片间的淀粉粘连及氧化，应将切片送入淋洗机将其表面淀粉冲洗干净。另外，要注意控制切片切丝过程中的酶促褐变。

⑥蒸煮

蒸煮的目的就是使马铃薯熟化。蒸煮前先进行预煮，预煮是将淋洗干净的薯块切片，即时送入预煮锅中，在71～74℃下煮20～30min，用以灭酶护色。然后在25℃的水中冷却，时间约20min。为了防止后工序中马铃薯泥黏结，在预煮和冷却时，只须加热把马铃薯细胞内直链淀粉溶解并彻底糊化，在冷却中老化成形（强化细胞壁），而不要把细胞壁破损，所以要预煮适度。在冷却后用清水淋洗，把薯片表面的游离淀粉除去，避免脱水时发生薯片粘连或焦化。

预煮后的薯片进入螺旋蒸煮机、带式蒸煮机或隧道式蒸煮机中蒸煮。采用带式蒸煮机的工艺参数是温度98～102℃，时间15min，采用螺旋式蒸煮机以98～100℃的温度蒸煮15～35min为宜，使薯片充分熟化（α-化）。当用两指夹压切片时，不出现硬块以至完全呈粉碎状态时为宜。

蒸熟后的切片用0.2%的亚硫酸盐喷洒，起到护色漂白作用，利于储存。为了防止哈败需要喷洒柠檬酸等抗毒剂，还要喷洒单甘油酯，防止淀粉颗粒黏结，单甘油酯的添加量约为0.8%。

⑦打浆成泥

打浆成泥是制粉的主要工序，设备选用是否合适，直接影响成品的游离淀粉率，进而影响成品的风味和口感。选用槌式粉碎机或者打浆机，依靠筛板挤压成泥，这两种方法得到的成品游离淀粉率都高（>12%），且淀粉颗粒组织破坏严重。马铃薯块茎内的淀粉是以淀粉颗粒的形式存在于马铃薯果肉中。在加工过程中，部分薄壁细胞被破坏，其所包含的淀粉即游离出来。在生产过程中游离出来的淀粉量与总淀粉量的比值即游离淀粉率。在马铃薯淀粉的生产过程中，要尽可能使游离淀粉率高（80%～90%），以获得最高的淀粉得率，而在马铃薯全粉的生产过程中，要尽可能使游离淀粉率低（1.5%～2%），以保持产品原有的风味和口感。所以选用搅拌机效果好一些，但要注意搅拌桨叶的结构与造型以及转速。打浆后的马铃薯泥应吹冷风使之降温至60～80℃。

⑧干燥

干燥是马铃薯全粉生产过程中的关键工艺之一。干燥过程中要注意减少对物料的热损伤，并注意防止淀粉游离。荷兰GMFGonda公司制造的转筒式干燥机，用于马铃薯的干燥效果很好；美国采用隧道式干燥装置，温度为300℃，长度为6～8m，而德国选用的是滚筒式干燥设备。

⑨粉碎

粉碎同样也是马铃薯全粉生产过程中的关键工艺。干燥后的马铃薯薄片，采用锤式粉碎机粉碎成鳞片（似细片状雪花），但效果不太好，产品的游离淀粉率高。国外生产选用粉碎筛选机，效果不错。针对国内设备情况，选用振筛，靠筛板的振动使物料破碎，同时起到筛分的作用，比用锤式粉碎好，目的是获得一种具有合适组织及堆密度的产品。

2. 马铃薯颗粒全粉

马铃薯颗粒全粉（Potato Granules）是一种颗粒状、外观呈淡黄色的特殊细粉产品，它是脱水的单细胞或马铃薯细胞的聚合体，以下简称为颗粒粉。

颗粒粉的主要性状有：比重 0.75～0.85kg/L，颗粒大小小于 0.25mm，含水量为 5%，游离淀粉含量小于等于 4%，具有完全醇正的马铃薯味，粉状膨松。由于特殊的加工工艺和要求，该产品在正常环境条件下保存可达两年。颗粒粉在某些食品加工中具有不可替代的作用，主要用作快餐饮店的方便即食马铃薯泥，膨化休闲食品，复合马铃薯片，成形速冻马铃薯制品，固体汤料、面包及糕点食品添加剂，超级马铃薯条等的主要配料。该产品在许多欧美国家的年营业额在 7～8 亿美元，多者达 10 亿美元，我国也已起步并有所发展。

马铃薯颗粒粉的加工方法较多，以使用回填工艺的最为普遍。该工艺是在蒸煮捣碎的马铃薯泥中回填足量的、经一次干燥的马铃薯颗粒粉，使其成“潮湿混合物”，经过一定的保温时间磨成细粉。生产马铃薯颗粒粉要尽量少使细胞破坏，具有良好的成粒性。因为细胞破坏后会增加很多游离淀粉，使产品发黏或呈面糊状，从而降低产品质量。

（1）回填法工艺流程

回填法工艺流程包括：原料→清洗→去皮修整→切片→漂烫→冷却→蒸煮→捣碎混合→调质→次干燥→分级→成品干燥→计量包装→产品，如图 4-3 所示。

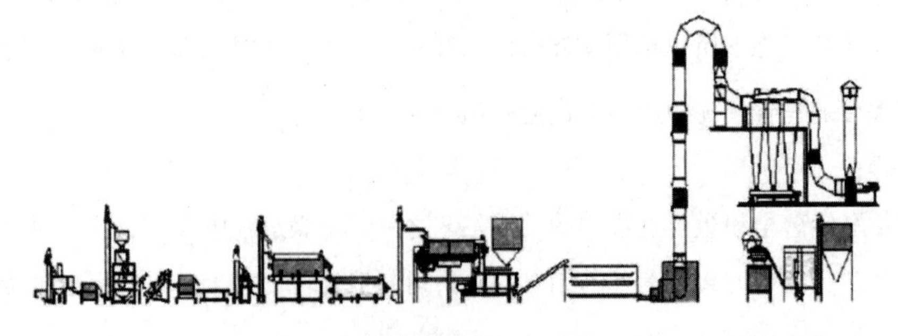

图 4-3　马铃薯颗粒粉生产工艺流程图示

主要设备包括清洗机、去皮机、皮薯分离器、切片机、漂烫机、螺旋蒸煮机、调质机、气流提升干燥机、流化床干燥机、称重包装机等，其中前处理设备与加工雪片粉相同，不相同的设备主要是干燥机。

（2）操作技术要点

原料处理、漂烫、蒸煮与捣碎工艺与加工雪花粉相同，仅将不同点分述于下：

①捣碎与回填混合

用捣碎机将蒸熟的薯片捣碎为泥糊状后，要与回填的马铃薯细粒进行混合，使其均匀一致。捣碎与混合时要尽量避免细胞被破坏，使成品中大部分是单细胞颗粒。回填的颗粒粉也应含有一定量的单细胞颗粒，以保证回填颗粒能够吸收更多的水分和回填质量。捣碎回填的混合物，通常采用保温静置的方法，改进其成粒性，同时使混合物的含水量由45%降低到35%。

②干燥

当产物第一次用干燥机烘干到含水量为12%～13%时，用60～80目筛子分级。大于60～80目的颗粒粉或筛下细粒均可做回填物料，另一部分筛下物，须进一步用流化床干燥机干燥至含水量6%左右。

③储藏

经包装的马铃薯颗粒粉成品，在仓储过程中，由于非酶褐变（美拉德反应）和氧化作用会引起变质。非酶褐变与产品中还原糖含量、水分含量及储藏温度关系密切。储藏温度每增加7～8℃，褐变速率根据其含水量可增加5～7倍，因此应降低储温和产品的含水量。

（二）脱水马铃薯丁

脱水马铃薯丁是一种高质量的马铃薯食品，在食品市场上的地位越来越重要，可用于各种食品如罐头肉、焖牛肉、冻肉馅饼、汤类、马铃薯沙拉等制品中。

1. 工艺流程

工艺流程包括：

马铃薯→清洗→去皮→切丁→漂烫→冷水洗涤→化学处理→干燥→筛分→冷却→包装。

2. 操作技术要点

（1）选料

在选用原料时，要对其进行还原糖与固形物总含量的测定：在马铃薯脱水的情况下，氨基酸与糖可能会发生反应，引起褐变，因此，应采用还原糖含量低的品种。固形物含量高的原料制成脱水马铃薯丁，能表现出优良的性能。各类马铃薯的相对密度有很大的不同，相对密度大的原料具有优良的烹饪特性。

除了以上两种因素外，还应考虑到马铃薯的大小、类型是否一致，是否光滑，有没有发芽现象。同时还要把马铃薯切开，检查其内部是否有不同程度的坏死及其他病虫害，并检查其色泽、气味、味道等。

（2）洗净

必须将马铃薯清洗干净，除去其上黏附的泥土，减少污染的微生物，同时对提高马铃薯的温度也很有利。清洗之后要立刻进行初步检查，除掉因轻微发绿、霉烂、机械损伤或其他病害而不适宜加工的马铃薯。

（3）去皮

由于马铃薯在收获后不能及时进行加工，而经过一段时间的储藏后，去皮比较困难，采用蒸汽去皮和碱液去皮的方法比较有效。加工季节早期用蒸汽去皮为宜，不像碱液去皮损失大；后期采用碱液去皮会更经济和适宜些。

马铃薯去皮时使用蒸汽或碱液常常能加剧其褐变的发生。在马铃薯的边缘，尤其是维管束周围出现变黑的反应物，比其他部分更集中些。变色的程度取决于马铃薯暴露在空气中的程度。因此，应尽量减少去皮马铃薯暴露在空气中的时间，或者向马铃薯表面淋水，或者将马铃薯浸于水中，这样就可减少变色现象。若其变色倾向严重时，可采用二氧化硫和亚硫酸盐等还原化合物溶液来保持马铃薯表面的湿润。

（4）切丁

切丁前要进行分类，拣选去不合格薯块。在进行清理时，必须注意薯块在空气中暴露的时间，以防止其发生过分的氧化，同时通过安装在输送线上的一个个喷水器，不断地喷水，保持马铃薯表面湿润。

马铃薯块切丁是在标准化的切丁机里进行的，将马铃薯送入切丁机的同时须加入一定流量的水以保持刀口的湿润与清洁。被切开的马铃薯表面在漂烫前必须洗干净。马铃薯丁的大小应根据市场及食用者的要求而定。

（5）漂烫

马铃薯块茎中包含有大量的酶，这些酶在马铃薯的新陈代谢过程中起着重要的作用。有的酶可以使切开的马铃薯表面变黑，有的参与碳水化合物的变化，有的酶则使马铃薯中的脂肪分解。用加热或其他一些方法可以将这些酶破坏，或使其失去活性。漂烫还可以减少微生物的污染。马铃薯丁在切好后，加热至 94～100℃进行漂烫。漂烫是在水中或蒸汽中进行的。用蒸汽漂烫时，将马铃薯丁置于不锈钢输送器的悬挂式皮带上，更先进的是放入螺旋式输送器中，使其暴露在蒸汽中加热。在通常情况下，蒸汽漂烫所损失的可溶性固形物比水漂烫少，这是由于用水漂烫时，马铃薯中的可溶性固形物质都溶于水中。

漂烫时间从 2min 到 12min 不等，视所用温度高低、马铃薯丁的大小、漂烫机容量、漂烫机内热量分布是否均匀以及马铃薯品种和成熟度等而异。漂烫程度对成品的质地与外观有明显影响，漂烫过度会使马铃薯变软或成糊状。漂烫之后要立即喷水冲洗除去马铃薯表面的胶状淀粉，以防止其在脱水时出现粘连现象。

（6）化学处理

马铃薯丁在漂烫之后，须立即用亚硫酸盐溶液喷淋。用亚硫酸盐处理后的马铃薯丁，在脱水时允许使用较高的温度，这样可以提高脱水的速度和工厂的生产能力，在较高的温度下脱水可产生质地疏松的产品，而且产品的复水性能好，还可以防止其在脱水时产生非酶褐变与焦化现象，有利于产品储藏。但应该注意产品的含水量不能过高，否则会使亚硫酸盐失效。成品中二氧化硫的含量不得超过 0.05%。

氯化钙具有使马铃薯丁质地坚实、避免其变软和控制热能损耗的效果。当马铃薯丁从漂烫机中出来时，立即喷洒含有氯化钙的溶液，可以防止马铃薯丁在烹调时变软，并使之迅速复水。但在进行钙盐处理时，不能同时使用亚硫酸钠，以免产生亚硫酸钙沉淀。

（7）脱水干燥

脱水速度的快慢影响到产品的密度，脱水速度越快，密度也越低。通过带式烘干机脱水，可以很方便地控制温度、风量和风速，以获得最佳产品。在带式烘干机上，烘干的温度一般从 135℃逐渐下降到 79℃，大约需要 1h，要求水分在 26%～35%；从 89℃逐渐下降到 60℃，需 2～3h，要求水分降低至 10%～15%；从 60℃降到 37.5℃，需 4～8h，水分降到 10%以下。现代新技术的发展，使用微波进行马铃薯丁脱水，效果好、速度快，在几分钟内，即可将马铃薯丁的含水量下降到 2%～3%。快速脱水还会产生一种泡沫作用，对复水很有好处。马铃薯中的水分透过表面迅速扩散，可以防止因周围空气干燥而伴随产生的表面变硬现象。

（8）分类筛选

产品在脱水后要进行检查，将变色的马铃薯丁除掉。可手工拣选，也可用电子分类拣选机。在加工过程中，成品中总会夹杂着一些不合要求的部分，如马铃薯皮、黑斑、黄化块等，使用气动力分离机进行除杂拣选，可使产品符合规定，保持其大小均匀，没有碎片和小块。

（9）包装

包装一般多采用牛皮纸袋包装，其重量从 2.3kg 至 4.6kg 不等。也可用盒、袋、蜡纸包装。

（三）脱水马铃薯片

将由煮熟的马铃薯制成的脱水马铃薯泥调制成糊状，把马铃薯糊涂抹在滚筒干燥机的鼓形干燥器表面，迅速干燥到所需要的水分含量，干燥后的马铃薯大张薄片用切片机切割成所需要的形状，然后进行包装，即制成马铃薯片产品。

在加工过程中，尽管细胞破裂的程度很大，但是，复原的产品口感还是有完全可以接受的粉质感。这是由于在马铃薯加工过程中采用了预煮和冷却过程并添加了乳化剂。对马铃薯片来讲，由于薯片脱水速度很快，马铃薯细胞容易复水，使得淀粉保持很高的持水能力，薯片在冷水中可以完全复原。

薯片在沸水中复原的速度非常快。当将大张薄片切割成较小的薯片时，沿着薯片边缘部位的细胞也会发生破裂。如果在薯片加工过程中不经过预煮和冷却的老化处理，细胞内的凝胶淀粉就会释放出来，薯片复水后呈糨糊状和橡皮状的质地。在加工过程中加入乳化剂，乳化剂与从细胞中释放出的直链淀粉分子反应，生成乳化剂-淀粉复合物，该复合物溶解度低，因此降低了黏度。采用预煮和冷却过程并加入乳化剂单甘油酯的加工过程生产出的薯片在复水时，水分子并没有被细胞间的物质强烈束缚住，结果是多数水分子穿透完整细胞的细胞壁进入细胞内，细胞内淀粉吸水膨胀，产生了较面的、黏性低的马铃薯泥。如果复原时大量水分子束缚在完整细胞之间，马铃薯就会呈现出糨糊状、橡胶状或黏稠状的质地。

薯片用沸水复原后质地较差，因此，不能加工成热产品，不能与牛奶混合。薯片与其他辅料混合二次加工成薯条，可供应餐馆用来炸薯条；薯片也可以粉碎成粉作为汤料、儿童食品和烘烤食品的配料。

1. 工艺流程

工艺流程包括：

马铃薯→清洗→去皮→切片→预煮→冷却蒸煮→磨碎→干燥→切割成片→包装。

2. 操作技术要点

（1）选料

一般要求选择块茎形状整齐、大小均一、表皮薄、芽眼浅而少、相对密度大、还原糖含量低，干物质含量高的马铃薯。剔除发芽、变绿、病变等不合格薯块。

（2）清洗

充分洗涤马铃薯不仅是卫生的要求，而且也可防止将外来的灰尘和砂砾带进设备，损坏设备或堵塞管道。通常在滚筒式洗涤机中进行擦洗，可以连续操作。滚筒式洗涤机的主要部分是可以旋转的滚筒，筒壁由纵向板条制成，与水平面成3°倾斜安装在机座上。滚筒由电动机皮带轮带动转动，水由装在滚筒上的管子通过喷嘴喷入滚筒中冲洗原料。废水流入承接器中被排出。操作时，马铃薯由料糟连续加入转动着的滚筒中，即随着滚筒转动，与滚筒壁相互辗转摩擦进行擦洗，同时被喷嘴所压射出来的水喷洗干净。洗净的马铃薯滚动到较低的一端出口，转入带网眼的运输带上沥干，然后送至拣选带上，剔除外来杂物和有缺陷的块茎。

（3）去皮

用机械清洗干净后可采用任意一种工业化去皮方法，如摩擦去皮、蒸汽去皮、碱液去皮等。

（4）切片

去皮后的马铃薯在蒸煮前用旋转式切片机切成1.5mm厚的薄片，使马铃薯在蒸煮中使薯片能得到均匀的热处理，充分α-化，获得均一的制品。薯片太薄，固体损耗会增加，也使风味受损。

（5）预煮

预煮的目的，不仅是破坏马铃薯中的酶，以防止块茎褐变，而且对于获得不发黏的马铃薯泥来说也是绝对必要的。马铃薯淀粉的灰分含量比禾谷类作物高1～2倍，而马铃薯淀粉的灰分中平均有一半以上是磷。马铃薯干淀粉中P_2O_5的含量平均为0.18%，比禾谷类作物淀粉中磷的含量高出几倍。由于马铃薯淀粉中含磷量高，导致了马铃薯泥黏度大。据资料记载，马铃薯淀粉糨糊的黏度与淀粉中磷的含量成正比。黏度大会给加工带来困难。把马铃薯片放入60～80℃热水中预热20～30min，然后在流动冷水中冷却20min，淀粉彻底糊化，经冷却后淀粉老化回生，使制得的马铃薯泥黏度降低到适宜程度。

（6）冷却

用冷水冲洗薯片，除去表面游离的淀粉，避免在干燥期间发生黏胶或烤焦。

（7）蒸煮

将经预煮处理的马铃薯薄片在常压下用蒸汽煮 30 min，使其充分 α-化。质次的马铃薯蒸煮时间要更长一些。由于马铃薯块茎中含有单宁，因此，在蒸煮后和研碎前，喷上亚硫酸钠溶液，亚硫酸溶液可破坏氧化酶，防止马铃薯片在加工时变色，保证了产品质量。此外，还应喷上乳化剂——甘油单酸酯和甘油二酸酯，防止马铃薯颗粒黏结；抗氧化剂用于防止哈败；添加磷酸盐是为了结合金属，防止成品在存放时颜色变深。用来溶解添加剂的水要经过钙沉淀处理。甘油单酸酯和甘油二酸酯乳化剂溶解在水中要和葱汁及食品色素等混合均匀，磷酸盐须单独制备。脱水马铃薯片中含甘油单酸酯和甘油二酸酯 0.6%，磷酸盐 0.4%。

蒸煮的方法有三种：①通过传送带把马铃薯送入维持在大气压蒸汽温度下的蒸汽中进行蒸煮。这种设备很难清理并占据相当大的空间。②把蒸汽直接注入螺旋输送蒸煮器来蒸煮，时间为 15～60min，一般为 30min。③在蒸煮装置中注入蒸汽，它使用两个逆转的螺旋，使马铃薯片的表面露向蒸汽，得到均匀软化的马铃薯。蒸煮过度，生产率高，但成品组织不良；蒸煮不足，则会降低产品得率。

（8）磨碎

蒸煮后的薯片立即磨碎成泥，应避免薯片内细胞破裂，使成品复水性差。成泥后可注入食品添加剂（乳化剂、抗氧化剂等）和调味料，并混合均匀。

（9）干燥

在滚筒干燥机中进行，干燥成形后可得到大张干燥的马铃薯片，含水量在 8%以下。干燥条件：压力为 0.5MPa，温度为 158℃，时间为 15～45s，通过改变滚筒转速进行调整，滚筒干燥机在结构上要保证能将残留芽眼、皮、腐烂物等分离出去。

（10）切割成片

干燥后的马铃薯大张薄片用切片机切割成 3.22cm^2 的小片。马铃薯片的容量应为 350kg/m^2。不合质量要求的高水分片和含有杂质的片要分离出来。合格薯片以流态化方式进行封运，并经专用装置进行称重。

产品为片状，白色或淡黄色，水分含量 8%以下，无致病菌。用热开水冲开直接食用，但大部分产品都用作食品加工的中间原料。

（11）包装

脱水马铃薯片有马口铁罐装的，有硬纸盒装的，每盒装 125g。包装在真空或充氮条件下进行。

3. 产品质地的改善

为了改善产品质地和延长货架期，薯片加工中使用了许多添加剂，包括亚硫酸钠（延迟非酶褐变）、单甘酯乳化剂、抗氧化剂和螯合剂（焦磷酸钠和柠檬酸）。在脱水前的捣碎（成泥）阶段加入添加剂，维生素 C 与马铃薯蛋白质反应生成粉红色的席夫碱化合物，粉红色的出现没有规律，脱水后放置一段时间后才会出现粉红色。实际生产中，强化了维生素的马铃薯片生产时是将薯片与维生素片混合，维生素片中含有 50%～70%的脂肪、水溶性维生素和矿物质。

薯片的货架期与其化学成分、品种、蒸煮程度、干燥条件、加工中的用水量和抗氧化剂（特别是 SO_2）的残留量有关，苦味与酚类化合物有关。薯片储藏中的异味来源于油脂氧化产生的已醛和其他醛类化合物如 2，3-二甲基丁醛，氨基酸发生的褐变反应也使薯片产生异味。储藏后薯片产生的干草味是由于脂肪氧化产生的，而不是非酶褐变产生的。用乳化剂（0.66%）、BHA（150mg/kg）、BHT（150mg/kg）和二氧化硫（40mg/kg）处理的薯片能够保证最佳的储藏质量。

加工和储藏中维生素的损失是生产者和消费者非常关心的问题。研究表明：虽然使用亚硫酸盐处理，但是在薯片中维生素 B_1 的保留量高于马铃薯全粉薯片。在储存期间，维生素 C 含量逐渐减少，加工和储藏过程中其他的营养成分也有损失。

为了用铁和蛋白质强化薯片，人们做了许多尝试，试验发现被 7 种铁化合物强化后，在蒸煮后薯肉变黑，并导致储藏期间产生异味。

第二节　马铃薯片加工

一、以鲜马铃薯为原料加工成的薯片制品

（一）马铃薯虾片

1. 工艺流程

工艺流程包括：马铃薯→清洗→切片→漂洗→煮熟→干制→分选→包装。

2. 操作技术要点

（1）选料

选无病虫、无霉烂、无发芽、无失水变软的马铃薯，洗净后去皮。

（2）切片与漂洗

切成厚度均匀约2mm的薄片，在清水中冲洗，洗净薄片表面的淀粉。

（3）煮熟

将洗净的薄片倒入沸水锅中，煮沸3～4min，达到熟而不烂，迅速捞出放入冷水中，轻轻翻动搅拌，使薯片尽快凉透，洗净薄片上的粉浆、黏沫等物，使薯片分离不粘。

（4）干制

将薯片捞出，沥干水分，单层平整摆放，在日光下暴晒，薯片半干时，再整形一次，然后翻晒至透，即成薯虾片。分级包装，置于通风干燥处保存。

（二）烤马铃薯片

1. 工艺流程

工艺流程包括：马铃薯→清洗→切片→漂洗→护色→热烫干制→烘烤→调味→冷却→分选→包装。

2. 操作技术要点

（1）切片与漂洗

将马铃薯洗净去皮后切成厚度均匀约2mm的薄片，用高压水冲洗，洗净表面淀粉，洗好的薄片放入护色液中护色。

（2）护色

用0.25%的亚硫酸盐溶液护色。

（3）热烫

在80～100℃的温度下烫1～2min，使薯肉半生不熟，组织比较透明，失去鲜薯片的硬度，但又不柔软即可。

（4）干制

自然干制，将烫好的薯片放在日光下曝晒，七成干时翻一次，然后晒干。人工干制，在干燥机中将薯片干燥至含水量低于7%。

（5）烘烤

温度170～180℃、2～3min，烤至表面微黄。烘烤后可直接包装，也可喷油或撒调味料，然后包装。

（三）马铃薯泥片

1. 工艺流程

工艺流程包括：马铃薯选择→清洗去皮→水池切片→水泡→蒸煮→冷却→捣碎→配料→搅拌→挤压成形→烘烤→抽样检验→包装→成品。

2. 操作技术要点

（1）马铃薯选择

选无病、无虫、无伤口、无腐烂、未发芽、表皮无青绿色的马铃薯为原料。

（2）清洗

将选择好的马铃薯放入清水中进行清洗，将其表面的泥土等杂质去除。

（3）去皮

将经过清洗后的马铃薯利用去皮机将表皮去除，然后放入清水中进行浸泡（时间不宜超过4h）。主要是使薯块隔离空气，防止薯块酶促褐变的发生，同时浸泡也可除去薯块中的有毒物质（龙葵素）。

（4）切片

将马铃薯从清水中捞出，利用切片机将其切成5mm左右厚的薯片，然后放入清水中浸泡（时间不超过4h），待蒸煮。

（5）蒸煮

从清水中捞出薯片，放入蒸煮锅中进行蒸煮，蒸煮温度为120～150℃，时间为15～20 min。

（6）冷却、捣碎

将蒸煮好的薯片取出，经过冷却后利用高速捣碎机将其捣碎。

（7）配料

按比例加入麦芽糊精、精炼食用油、黄豆粉、葡萄糖等。将配料初步调整后作为基础配料，然后根据需要调成不同的风味，如麻油香味、奶油香味、葱油味等。

（8）搅拌和挤压成形

将各种原料利用搅拌机搅拌均匀成膏状，然后送入成形机中压制成形。

（9）烘烤

将压制成形的马铃薯泥片，送入远红外线自控鼓风式烘烤箱中进行烘烤。

（10）抽样检验产品及包装

将烘烤好的食品送到清洁的室内进行冷却，随机抽样检验其色、香、味等。将合格的产品进行包装即可作为成品出售。

（四）油炸马铃薯片

方法 1：

1. 工艺流程

工艺流程包括：原料选择→清理与洗涤→去皮→切片与漂洗→护色→热烫→干制→油炸→调味→冷却、包装→入库。

2. 操作技术要点

（1）原料选择

要获得品质优良的油炸马铃薯片，减少原料的耗用量，降低成本，就必须根据工艺指标来选择符合要求的马铃薯。要求原料马铃薯的块茎形状整齐，大小均一，表皮薄，芽眼浅而少，淀粉和总固形物含量高，还原糖含量低。还原糖含量应在 0.5% 以下（一般为 0.25%～0.3%）。如果还原糖含量过高，油炸时容易褐变。

另外，须选用相对密度大的马铃薯进行油炸，这样的原料可提高产量和降低吸油量。实验证明，相对密度每增加 0.005，油炸马铃薯片产量增加 1%。

（2）清理与洗涤

首先将马铃薯倒入进料口，在输送带上拣去烂薯、石子、砂粒等。清理后，通过提升斗送入洗涤机中洗净表面泥土、污物后，再送入去皮机中去皮。

（3）去皮

采用碱液或红外线辐射去皮，效果较好。摩擦去皮组织损伤较大，而蒸汽去皮又常会产生严重的热损失，影响最终的产品质量。去皮损耗一般在 1%～4%。要除尽外皮，保持去皮后薯块外表光洁，防止去皮过度。经去皮的块茎还要用水洗，然后送到输送机上进行挑选，挑去未剥掉的皮及碰伤、带黑点和腐烂的不合格薯块。

（4）切片与漂洗

手工切片薄厚不均，可用木工刨子刨片。若用切片机械，大多采用旋转刀片。切片厚度要根据块茎品种、饱满程度、含糖量、油炸温度或蒸煮时间来定。切好的薯片可进入旋转的滚筒中，用高压水喷洗，洗净切片表面的淀粉。洗好的薯片放入护色液中护色。漂洗的水中含有马铃薯淀粉，可收集起来制作马铃薯淀粉。

（5）护色

马铃薯切片后若暴露在空气中，会发生褐变现象，影响半成品的色泽，油炸以后颜色深，影响外观，因此有必要进行护色漂白处理。发生褐变的原因是多方面的，如还原糖与氨基酸作用产生黑色素、维生素 C 氧化变色、单宁氧化褐变等。除了以上所述化学成分的影响外，马铃薯的品种、成熟度、储藏温度以及其他因素引起的化学变化都能反映到马铃薯的色泽上。此外，油温、切片厚度以及油炸时间的长短也都对马铃薯片的颜色起作用。

（6）热烫

热烫可以部分破坏马铃薯片中酶的活性，同时脱除其水分，使其易于干制，还可以杀死部分微生物，排除组织中空气。热烫的方法有热水处理和蒸汽处理两种。热烫的温度和时间，一般是在 80℃～100℃下烫 1～2min，烫至薯肉半生不熟、组织比较透明、失去鲜马铃薯的硬度但又不会像煮熟后那样柔软即可。

（7）干制

干制分人工干制和自然干制（晒干）两种。自然干制是将热烫好的马铃薯片放置在晒场，于日光下暴晒，待七成干时，翻一次，然后晒干。人工干制可在干燥机中进行，要使其干燥均匀，当制品含水量低于 7%时，即结束干制。该半成品也可作为脱水马铃薯片包装后出售，可用作各种菜料。若将脱水马铃薯片置于烤炉中烘烤，可制成风味独特的烘烤马铃薯片。近年来，烘烤马铃薯片在西方的销售势头越来越好，因为其油脂含量大大低于油炸马铃薯片，受到人们的青睐。

（8）油炸

马铃薯片的油炸可以采用连续式生产和间歇式生产。若产量较大，多采用连续式深层油炸设备。该设备的特点是：能将物料全部浸没在油中，连续进行油炸。油的加热是在油炸锅外进行的，具有液压装置，能够把整个输送器框架及其附属零件从油槽中升起或下降，维修十分方便。

实验证明，在较低温度下油炸，马铃薯表面起泡，内部沾油，颜色较深，而在高温下则无此现象。因此，应选用高温短时油炸较好。油炸时间一般不宜超过 1min。对不同批次的马铃薯片应进行检查并做必要的调整。注意防止因切片厚度不一造成颜色不均，力求切片厚度一致。同一批产品因下锅和出锅先后造成的时间差也可导致其色泽不一。油炸温度一般控制在 180～190℃，不能高于 200℃，因为高温会大大加速油脂分解，产生的脂肪酸能溶解金属铜，成为促进脂肪酸分解的催化剂，故铜和铜合金不应与油炸薯片接触。不锈钢是制造油炸锅的最好材料。油炸时蒸发出来的脂肪酸成分应通过排气系统排除，防止它们回流入锅造成不良气味和加速油脂败坏。

要保证油炸制品的质量，对油有着严格的要求。生产实践证明，用纯净的花生油、玉米油和棉籽油炸的马铃薯片比用猪油炸制的好，但是如果将猪油脱臭、氢化和稳定处理后，其质量也不亚于玉米油和棉籽油。其中以用花生油的质量最好，使用三个星期后，几乎没有什么变化。在生产过程中，炸制油要经常更换，马铃薯片吸油很快，必须不断地加入新鲜油，每 8～10h 彻底更换一次。另外，炸制用油在用过一段时间后应当过滤，以除去油中炸焦的淀粉颗粒和其他炸焦的物质。不除去这些物质会影响油炸薯片的味道和外观。

利用抗氧化剂可防止油脂的酸败，常采用的抗氧化剂有去甲二氢愈创木酚（NDGA）、丙基糖酸盐、丁羟基茴香醚（BHA）、二丁基羟基甲苯（BHT），其中 BHA 是最常用的。如果同其他酚类抗氧化剂结合，同时添加柠檬酸之类的协合剂效果最好。硅酮在高温下能极大地增加食用油的氧化稳定性，可用含有 2mg/kg 硅酮的油来油炸马铃薯片。

油炸马铃薯片的含油量与多种因素有关。马铃薯相对密度越大，油炸片的含油量就越少。油炸前，薯片水分越低，其含油量越少。经验证明，将马铃薯片干燥使其水分降低 25%，油脂含量就可减少 6%～8%。切片厚度与含油量成反比关系，切片愈薄，含油量愈高。炸制油的种类不同，其含油量也不同，一般情况下植物油含油量在 34.4%～37.1%，用猪油则在 38.18%～38.95%。油炸过程中油温越高，吸油量越少，其原因是随着油温上升，油的密度下降，因此，单位时间内吸油量也减少。最适宜的油温应随马铃薯的品种、相对密度和还原糖的含量而定。还原糖量增高时，油温要低些。总的趋势是油温下降时，吸油量又稍增加。油炸时间与油温密切相关，马铃薯片在油锅中停留的时间越长，吸入的油就越多。

（9）调味

对炸好的马铃薯片应进行适当的调味。当马铃薯片用网状输送机从油炸锅内提升上来，装在输送机上方的调料斗时，应撒适量的盐与马铃薯片混合，添加量为 1.5%～2%。根据产品的需要还可添加些味精，或将其调成辛辣、奶酪等风味。

（10）冷却、包装

马铃薯片经油炸、调味后，就在皮带输送机上冷却、过秤、包装。包装材料可根据保存时间来选择，可采用涂蜡玻璃纸、金属复合塑料薄膜袋进行包装，也可采用充氮包装。

若生产冷冻油炸马铃薯片，应立即除去从油炸锅中取出的薯片上的过量的油，其方法是使产品在一个振动筛上通过，同时通以高速热空气流，然后用带式循环传送带将它们送入冷冻隧道进行冷冻。在-45℃下只需 12min 即可完成冷冻，冷冻后进行包装，储存在-17℃或更低温度下，可储藏 1 年以上。

方法 2：

1. 工艺流程

工艺流程包括：选料→清洗→去皮→切片与冲洗→护色→油炸→调味→冷却→验收→包装。

2. 操作技术要点

（1）选料

选择形状整齐，大小均一，表皮薄，芽眼浅而少，还原糖含量为 0.25%～0.3%，淀粉含量为 14%～15%，且干物质分布均匀的马铃薯。

（2）去皮

洗净后的马铃薯采用碱液去皮法或用红外线辐射去皮的方法，损耗小，去皮后薯块外表要光洁，防止去皮过度。去皮后水洗，剔除不合格薯块。

（3）切片与冲洗

一般采用旋转式切片机切成厚 1.7～2mm 的薄片，具体的厚度要根据块茎品种、饱满程度、含糖量、油炸温度或蒸煮时间来定。切片厚度要均匀，防止造成产品色泽不均；切好的薯片用高压水喷洗，洗净薯片表面淀粉，洗好后放入护色液中护色。

（4）油炸

将切片送入离心脱水机内将表面的水分甩掉，然后油炸。可采用间歇式生产或连续生产。若产量较大多采用连续式深层油炸设备，油温为 180～190℃，油炸时间不宜超过 1min。对不同品种、不同批次的薯片应做必要的调整。采用高精度提炼、稳定性高的油生产效果较好，炸制油要经常更换，每 8～10h 彻底更换一次。

（5）调味

薯片炸好后可进行适当的调味，如食盐 1.5%～2%、味精等，冷却后即可包装。

方法 3：

1. 工艺流程

工艺流程包括：选料→清理与洗涤→去皮和修整→切片与洗涤→色泽处理→油炸→调

味→验收和包装。

2. 操作技术要点

(1) 清理与洗涤

清理与洗涤是马铃薯片加工的首道工序。将要加工的马铃薯倒入进料口内，在输送带上拣去腐烂的、畸形的、细小的、不合规格的马铃薯以及石子和杂物。清理后由提升机送到洗涤机内，洗净马铃薯表面的污垢和外来杂物（泥土、杂草等）。

(2) 去皮和修整

马铃薯的去皮设备很多，有间歇式鼓形摩擦去皮机，还有新型连续式碱去皮机、蒸汽热烫机。去皮的损耗随着块茎的大小、形状、芽眼深浅及储藏程度不同而不同。一般摩擦去皮机比蒸汽去皮机的损耗要大。剥皮的平均损耗为1%～4%。去皮的块茎经喷射水淋洗，然后送到皮带输送机上进行整理和检查，剔去外来杂物和有缺陷的马铃薯块茎以及进行某些修整。

(3) 切片与洗涤

去皮后的马铃薯一般采用旋转式切片机切成厚1.7～2.0mm的薄片，具体的厚度根据消费者的爱好、块茎大小、饱满程度、含糖量、油炸时的温度和时间而定。但是，在任何时候切出来的片在厚度方面必须非常均匀，以便得到颜色均匀的油炸马铃薯片。

切好的马铃薯片，由于从破裂细胞中流出过多的可溶性物质，它们会吸收大量的油脂，所以必须除去马铃薯片表面由切破细胞释放出来的淀粉和其他物质。同时为了使切出的片容易分开和油炸完全，马铃薯片应在不锈钢丝网的圆筒或转鼓中洗涤，而圆筒或转鼓置于矩形不锈钢槽内，用高压喷水将翻转着的马铃薯片表面附着的物质冲走。洗涤后的马铃薯片在类似的设备中进一步冲洗。马铃薯片用离心分离，或高速空气流（热的或不热的），或冲孔旋转滚筒，或橡胶海绵挤压滚筒，或振动的网眼输送带等方式去掉马铃薯表面的水分。

(4) 色泽处理

切好的马铃薯片在空气中往往易变成黑色，因此，在油炸前，必须改进马铃薯的色泽。最常用的色泽处理方法是用热水过滤切好的马铃薯片，也有人在切片时用化学溶剂来控制糖分的转化，阻止马铃薯切片时参与变色反应。

(5) 油炸

马铃薯片的油炸，在加工量非常小的地方，可以采用间歇式油炸法生产。产量较大的，多采用自动进料连续式的油炸锅，现代的连续油炸锅每小时加工2～4t生马铃薯。连续式的油炸锅主要由以下部分组成：①炸马铃薯片的热油槽；②油的加热和循环系统；③除去油中颗粒的过滤器；④把马铃薯片带出油槽的运输器；⑤储油器（油在储器中被加热，以补加到循环的炸油中去）；⑥油槽中的蒸汽收集通风橱等。此外，在大部分油炸装置中，在油槽的进料端附近装有旋转的轮子或圆筒，以推进漂浮在油面上的马铃薯片，同时也可减缓薯片的前进速度，使马铃薯片能得到足够的热。在油槽的出料端附近，在油面上的凸轮轴上悬挂着一系列的多孔篮子或耙子，其作用是在油炸接近完成的阶段，用来翻转马铃薯片，使马铃薯片再次淹没在油中。炸后的马铃薯片从油槽中移出，在网眼运输带上沥干。

是否用高度精炼的油对于油炸马铃薯片的风味和稳定性极为重要。油炸片的风味、质量、外观将受到吸附油的量及油本身特性两方面的影响。常用于炸制马铃薯片的油有棉籽油、豆油、玉米油、花生油和氢化植物油，动物油极少采用。近来使用米糠油较多，在米糠油中加盐，很适应马铃薯片的风味。为了改善保存性，也掺入棕榈油等固体油。油炸过程中，从马铃薯片中蒸发出来的蒸汽在油面上形成一层不氧化的空气幕，能起到连续脱除油气的作用。由于油经常调换（油周转率每小时15%），所以不合格产品不会积累，同时也需要经常补充一定量的新鲜油以代替马铃薯片吸收的油使油量恒定。马铃薯片从油中捞出来时，薯片仍然在蒸发水分并冷却，过快的冷却将增加油的黏度和阻碍油的沥出。为了减少炸马铃薯片中油的残留，可以通过提高马铃薯片出锅时的温度来控制。例如，烧热油，通过热空气隧道干燥机或用一个辐射加热器来达到目的。

（6）调味

为改善油炸马铃薯片的食味，可在炸好的马铃薯片内增添适量调味剂。当马铃薯片由网状输送机从油锅内提升出来时立即加盐，这一点很重要，在这个时候油脂是液态的，能够形成最大的颗粒黏附。在马铃薯片内加些味精也可增加食味。添加的方法为：预先将盐和味精混合，置于输送机上方的调料斗内，与炸马铃薯片混合均匀。有些炸马铃薯片可添加烤香油料的粉末、奶酪或其他特殊风味的物料。盐中也可以包含增强剂和抗氧化剂，将马铃薯片放在旋转的拌料筒内，用撒粉或喷雾的方法给马铃薯片均匀地调味。

（7）验收和包装

炸马铃薯片经调味后在验收皮带输送机上冷却，以获得能较好地黏附盐和调味粉的炸马铃薯片，经人工挑出变色片后，过秤，再经包装机包装。软包装的材料为涂蜡玻璃纸、复合薄膜包装袋或铝箔压层袋。也有将油炸马铃薯片用金属罐装的，成为听装油炸马铃薯片。总之，可根据保存时间和要求而选择。

3. 产品质量

（1）影响油含量的因素

以干物质为基础，每千克植物油的成本比马铃薯价格高。因此，加工者希望炸马铃薯片的油含量能保持在消费者满意的最低水平上。影响炸马铃薯片油含量的因素是：①块茎的固形物含量；②片的厚度；③油的温度；④油炸时间。

马铃薯片在液态油中油炸，比在室温下呈固态的脂肪（如猪油）中油炸时，可减少10%～15%的含油量。这是由于液态油的低吸收性以及硬化脂对水解作用具有显著阻力，而液态油的较好沥干性对此现象起更大的作用。只要蒸汽从油炸马铃薯片的表面迅速蒸发，脂肪的吸收可维持在低水平。在油炸的最后阶段，当水蒸气保护层消失时，油脂能够进入马铃薯片中脱了水的细胞所留下的空隙内；这种情况，在油炸的不同时间里将在薯片不同部位发生，这是由于各部位不同的脱水速度造成的。当马铃薯片从油炸锅中捞出时，过量的油会沾在马铃薯片上，而油的含量与油的黏度和马铃薯片表面的不平度有关。当薯片冷却时，油就会渗入尚未充满油的细胞间隙中，然后多余的油才排出来。因此，减少马铃薯片的厚度时，油炸马铃薯片的含油量就会增加。炸马铃薯片在沥干输送带上剧烈振动，必然对减少其含油量有明显的影响。用热空气吹刚出锅的炸马铃薯片，可减少薯片中油的残留量。

新鲜的马铃薯片在油炸前部分干燥可以减少炸马铃薯片的油含量。但新鲜的马铃薯片，如用热水沥滤（为了除去过多的还原糖）会增加马铃薯片的吸油量。

影响炸马铃薯片成品质量的主要因素是片的厚度、大小、颜色和风味。这些因素可以通过控制原料、调整加工条件和包装来控制。

（2）炸马铃薯片的风味

经过高温加工的天然食品，大多存在数百种风味化合物，但其中只有少数几种化合物起着重要作用。有研究指出：在油炸马铃薯片中所含令人愉快的、美好风味的挥发性化合物有53种，其中有8种含氮的化合物、2种含硫化合物、14种碳氢化合物、13种醛、2种酮、1种醇、1种酚、3种酯、1种醚和8种酸。而烷基取代吡嗪的芳香物质如2，4-二烯醛、苯乙醛和呋喃甲酮是对油炸马铃薯片的风味起着重要作用的化合物。感官评比人员把芳香成分2，5-二甲吡嗪和2-乙基吡嗪的风味描写成“具有浓郁的马铃薯风味”或“烤花生的香味”。

（3）储藏的稳定性

油炸马铃薯片是高含油食物，油分高达35%～45%，而且面积大，易受光线影响，易氧化哈败。为了增加制品储藏稳定性，所使用的油储藏期间尽可能不接触空气，使用过的油不与储藏油混在一起，游离脂肪酸量控制在1%以下。油炸马铃薯片包装尽可能使制品不与空气接触，应避光，可增强制品的储藏稳定性。

如果油炸马铃薯片所用的油在使用过程中是稳定的和没有变坏，包装材料是不透明的和具有低的透气性，那么产品在大约20℃温度下储藏期可达4～6个星期。这是不用真空包装、冷冻或其他特殊处理的最长储藏期。在此期间，产品在质量方面有些下降，还是能被消费者所接受。装在袋中的油炸马铃薯片会发生三种类型的质量问题，对产品的销路带来不利的影响，分别是包装破裂、薯片吸收水分而失去脆性以及油脂氧化导致哈喇味。

运输过程中，如有不当会造成油炸马铃薯片的破碎，但这可以通过使用坚韧的包装材料部分地加以防止，使用充气包装也可以避免在装运过程中将油炸马铃薯片压碎。水分的吸收可以通过选择适当的包装材料加以防止。实验证明，使用有各种不同防水层的玻璃纸作为制袋的材料，存放4～6个星期，可以得到满意的结果。光（特别是荧光）加速氧化，因此必须使用不透明的包装材料以防止油脂氧化哈败。

二、以马铃薯粉等为配料加工成的薯片制品

（一）油炸成形马铃薯片

1. 原料配方

配方1：以脱水马铃薯片为100%计，水35%，乳化剂0.18%，酸式磷酸盐0.2%，食盐、柠檬酸、抗氧化剂各少量。

配方2：马铃薯粉65%，小麦粉10%，马铃薯糊25%，炸油适量。

2. 工艺流程

工艺流程包括：脱水马铃薯片→粉碎→混合→压片与成形→油炸→成品。

3. 操作技术要点

（1）粉碎

是指将脱水马铃薯片用粉碎机粉碎成细粉。

（2）混合

将乳化剂、磷酸盐、抗氧化剂等先用适量温水溶解，然后加入配方中所有水与马铃薯粉混合成均匀的面团，为防止马铃薯中还原糖对成品色泽的影响，可以在面团中加入少量

活性酵母，先经过发酵消耗掉面团中可发酵的还原糖。

（3）压片与成形

面团用辊式压面机压成3mm厚的连续的面片，然后用切割机切成直径为6cm左右的椭圆薄片。

（4）油炸

成形的薯片在油温为160～170℃的棉籽油中炸7s，炸好后在表面撒上成品重2%左右的盐即为成品。

（二）烘烤成形马铃薯片

1. 原料配方

原料配方为：马铃薯粉80%，小麦粉、马铃薯淀粉各5%，生马铃薯片10%，油脂适量。

2. 工艺流程

工艺流程包括：原料→混合→挤压成形→烘烤→喷涂油脂→成品。

3. 操作技术要点

（1）挤压成形

将马铃薯粉、小麦粉、马铃薯淀粉、生马铃薯片（边长4mm）混合，放在挤压成形机中，加热到120℃挤压成形。

（2）烘烤

在烤箱中用110℃烘烤20min，烤后喷涂油脂即为成品。

（三）中空薯片

1. 原料配方

原料配方为：马铃薯粉53%，发酵粉0.3%，化学调味料0.3%，马铃薯淀粉10%，乳化剂0.3%，水35%，精盐1%。

2. 工艺流程

工艺流程包括：原料→混合→压片→冲压成形→油炸→成品。

3. 操作技术要点

（1）混合

按配方称料，在和面机中混合均匀。

（2）压片

用压面机将和好的面团压成 0.6～0.65 mm 厚的薄片料（片状生料中含水量约为 39%）。

（3）冲压成形

将上述面片两片叠放在一起，用冲压装置从其上方向下冲压，得到一定形状的、两片叠压在一起的生料片。

（4）油炸

生料片不经过干燥，直接放在 180～190℃的油中炸 40～45s。由于加进 20%的马铃薯生淀粉，生料的连接性很好，组织细密，炸后两层面片之间膨胀起来，成为一种特别的中间膨胀的产品即为成品。

第三节　马铃薯膨化食品

一、膨化马铃薯

（一）工艺流程

膨化食品有两种不同的生产工艺流程，即直接膨化食品和间接膨化食品。

直接膨化食品工艺流程：选料→洗涤→去皮→整理→切丁或条→硫化处理→预煮→冷却→二硫化物溶剂处理→干燥→膨化→添加增味剂→包装→成品。

间接膨化食品的工艺流程：选料→洗涤→去皮→整理→切丁或条→硫化处理→预煮→冷却→二硫化物溶剂处理→成形→干燥→半成品→膨化处理→添加增味剂→包装→成品。

（二）操作技术要点

1. 原料选择

剔除发芽、发绿的马铃薯以及腐烂、病变薯块。

2. 清洗

可以人工清洗，也可机械清洗。若流水作业，一般先将原料倒入进料口，在输送带上拣出烂薯、石子、泥沙等；清理后，通过送料槽或提升斗送入洗涤机中清洗。清洗通常是在鼠笼式洗涤机中进行擦洗，洗净后的马铃薯转入带网眼的运输带上沥干，然后送去皮机去皮。

3. 去皮

去皮的方法有手工去皮、机械去皮、红外线去皮、蒸汽去皮和化学去皮等。

4. 护色

（1）提取出马铃薯片褐变反应物

将马铃薯片浸没在0.01%～0.05%浓度的氯化钾、氨基硫酸钾和氯化镁等碱金属盐类和碱土金属盐类的热水溶液中；或将切好的鲜薯片浸入0.25%氯化钾溶液中3min即可提取出足够的褐变反应物，使成品呈浅淡的颜色。

（2）用亚硫酸氢钠或焦亚硫酸钠处理

先将经切片的鲜薯片浸没在82～93℃的0.25%亚硫酸钠溶液中（加盐酸调pH值为2）煮沸1min，然后加工也能制成色泽很好的产品。

（3）二氧化硫处理

用二氧化硫气体通过马铃薯，使二氧化硫和空气在一起密闭24h后储藏在5℃条件下，或是将切片在二氧化硫溶液中浸提后，再用水洗掉二氧化硫及还原糖等，可生产出浅色制品。

（4）降低还原糖含量

马铃薯在加工期间会发生淀粉的降解、还原糖的积累，在加工前，将马铃薯的储藏温度升高到21～24℃，经过一个星期的储藏后，大约有4/5的糖可重新结合成淀粉，减少了加工淀粉时的原料损失以及加工食品时的非酶褐变的发生。

5. 干燥

（1）箱式干燥

加热方式有蒸汽、煤气、电加热。由箱体、加热器、烤架、烤盘和风机等组成。箱体周围设有保温层，内部装有干燥容器、整流板、风机与空气加热器。平流箱式干燥机的热风的流动方向与物料平行，从物料表面通过，箱内风速按干燥要求可在0.5～3m/s间选取，物料厚度为20～50cm。这类干燥器的废气可进行再循环。该装置的特点是适于薯块、薯脯等多种物料的小批量生产。烤盘上的物料装载量及烤盘间距，应根据物料的不同做适当的调整。

（2）带式干燥机

带式干燥机是将物料置于输送带上，在随带运动的过程中与热风接触而干燥的设备。广泛应用于固体食品的干制。

（3）滚筒干燥机

这种干燥机是将液料分布在转动的、蒸汽加热的滚筒上，与热滚筒表面接触，液料的水分被蒸发，然后被刮刀刮下，经粉碎为产品的干燥设备。特点是热效率高，干燥速度快，产品干燥质量稳定。常压式滚筒干燥器常用于土豆泥、土豆粉等的干燥。

（4）流化床干燥机

该方法是粉粒状物料受热风作用，通过多孔板，在流态化过程中干燥。流化床干燥机处理物料的粒度范围为30μm～5mm，可以用于马铃薯泥回填法干燥。其干燥速度快、处理能力大、温度控制容易，设备结构简单，适应性较广，造价低廉，运转稳定，操作方便，可制得含水率较低的产品。

6. 膨化

根据膨化设备的生产方式可将其分为间歇式膨化设备和连续式膨化设备两大类。前者设备简单易于操作，原料适应范围广，但其生产效率不高，产量低，不适于大规模化生产。后者是在前者的基础上发展起来的，其工作原理是把装料、加盖、密封和开盖膨化这两道工序改为连续进料和连续排料。为了保持在200℃和0.6MPa的高温高压条件下，实现连续进料和排料，一般都采用转动阀。设备有挤压式膨化机（分单螺杆食品膨化机、双螺杆食品膨化机）、爆花式膨化机（分气流式连续膨化设备、流动式连续膨化设备、传送带式连续膨化设备）。

7. 调味

膨化后的马铃薯应及时调成鲜味、咸味、甜味等多种口味。产品香酥，适口性强，易于保存。

二、风味马铃薯膨化食品

（一）配方

1. 马铃薯膨化食品

马铃薯 83.74%，氢化棉籽油 3.2%，熏肉 4.8%，精盐 2%，味精 0.66%，鹿角菜胶 0.3%，棉籽油 0.78%，磷酸单甘油酯 0.3%，BHT（抗氧化剂）0.03%，蔗糖 0.73%，食用色素 0.02%，水适量。

2. 海味膨化食品

马铃薯淀粉 40%～70%，蛤蚌肉（新鲜、去壳）25%～51%，精盐 2%～5%，发酵粉 1%～2%，味精 0.15%～0.6%，大豆酱 0.085%～0.17%，柠檬汁 0.068%～0.25%，水适量。

3. 花生酱风味膨化食品

马铃薯淀粉 55%，花生酱 20%，水 25%。

4. 洋葱口味马铃薯膨化食品

马铃薯淀粉 29.6%，马铃薯颗粒粉 27.8%，精盐 2.3%，浓缩酱油 5.5%，洋葱粉末 0.2%，水 34.6%。

（二）工艺流程

工艺流程包括：原料混合→蒸煮→冷冻→成形→干燥→膨化→调味→成品。

（三）操作技术要点

1. 原料混合

按配方比例称量物料，将各种物料混合均匀。

2. 蒸煮

采用蒸汽蒸煮，使混合物料完全熟透（淀粉质充分糊化）。

3. 冷冻

于 5～8℃的温度下放置 24～48h。

4. 干燥

将成形的坯料干燥至水分含量为25%～30%。

5. 膨化

宜采用气流式膨化设备进行膨化。

（四）成品质量要求

水分含量：≤3%；吸水量：≥自身质量的3倍；酸度（以乳酸计）：<1 mg/g；体积质量：100g/L左右；含沙量：≤0.01%；灰分：≤6%。

制品中无氰化物检出，无致病菌检出。具有各个品种应有的气味及滋味，无焦煳味和其他异味。

三、复合马铃薯膨化条

（一）原料配方

原料配方为：马铃薯55%，奶粉4%，糯米粉11%，玉米粉14%，面粉9%，白砂糖4%，食盐1.2%，番茄粉1.5%，外用调味料适量。或将番茄粉换为五香粉1.5%或麻辣粉1.3%。

（二）工艺流程

工艺流程包括：选料→清洗→去腐去皮→切片→柠檬酸钠溶液处理→蒸煮、揉碎→与辅料混合、老化→干燥（去除部分水分）→挤压膨化→调味→包装→成品。

（三）操作技术要点

1. 选料

选白粗皮且晚熟期收获，存放时间至少一个月的马铃薯，因为白粗皮的马铃薯淀粉含量高，营养价值高，存放后的马铃薯香味更浓。

2. 切片及柠檬酸钠溶液处理

将选好的马铃薯利用清水洗涤干净去皮，然后进行切片。切片的目的是减少蒸煮时间，而柠檬酸钠溶液的处理是为了减少在入锅蒸煮前这段较短的时间内所发生的酶促褐变，保证产品的良好外观品质，柠檬酸钠溶液的浓度用0.1%～0.2%即可。

3. 蒸煮、揉碎

将马铃薯放入蒸煮锅中进行蒸煮，蒸熟后将其揉碎。

4. 混合、老化

将揉碎的马铃薯与各种辅料进行充分混合，然后进行老化。蒸煮阶段淀粉糊化，水分子进入淀粉晶格间隙，从而使淀粉大量不可逆地吸水，在3℃～7℃、相对湿度50%左右下冷却老化12h，使淀粉高度晶格化从而包裹住糊化时吸收的水分。在挤压膨化时这些水分就会急剧汽化喷出，从而形成多空隙的疏松结构，使产品达到一定的酥脆度。

5. 干燥

挤压膨化前，原、辅料的水分含量直接影响到产品的酥脆度。所以，在干燥这一环节必须严格控制干燥的时间和温度。本产品可采用微波干燥法进行干燥。

6. 挤压膨化

挤压膨化是重要的工序，除原料成分和水分含量对膨化有重要影响之外，膨化中还要注意适当控制膨化温度。因为温度过低，产品的口味口感不足，温度过高又容易造成焦煳现象。膨化适宜的条件为原辅料含水量12%、膨化温度120℃、螺旋杆转速125 r/min。

7. 调味

因膨化温度较高，若在原料中直接加入调味料，调味料极易挥发。将调味工序放在膨化之后是因为刚刚膨化出的产品具有一定的温度、湿度和韧性，在此时将调味料撒于产品表面可以保证调味料颗粒黏附其上。

8. 包装

将上述经过调味的产品进行包装即为成品。

四、马铃薯三维立体膨化食品

三维立体膨化食品是近几年在国内刚刚面世的一种全新的膨化食品：三维立体膨化食品的外观不落窠臼，一改传统膨化食品扁平且缺乏变化的单一模式，采用全新的生产工艺，使生产出的产品外形变化多样、立体感强，并且组织细腻、口感酥脆，还可做成各种动物形状和富有情趣的妙脆角、网络脆、枕头包等，所以一经面世就以新颖的外观和奇特的口感受到消费者的青睐。

（一）主要原料

主要原料有玉米淀粉、大米淀粉、马铃薯淀粉、韩国泡菜调味粉（BFO13）。

（二）工艺流程

工艺流程包括：原料、混料→预处理→挤压→冷却→复合成形→烘干→油炸→调味、包装→成品。

（三）操作技术要点

1. 原料、混料

该工艺是将干物料混合均匀与水调和达到预湿润的效果，为淀粉的水合作用提供一些时间。这个过程对最后产品的成形效果有较大的影响：一般混合后的物料含水量在28%～35%，由混料机完成。

2. 预处理

预处理后的原料经过螺旋挤出使之达到90%～100%的熟化，物料是塑性熔融状，并且不留任何残留应力，为下道挤压成形工序做准备。

3. 挤压

这是该工艺的关键工序，经过熟化的物料自动进入低剪切挤压螺杆，温度控制在70～80℃，经特殊的模具，挤压出宽200mm、厚0.8～1mm的大片，大片为半透明状，韧性好。

4. 冷却

挤压过的大片必须经过8～12m的冷却，有效地保证复合机在产品成形时的脱模。

5. 复合成形

该工艺由以下三组程序来完成：

第一步为压花。由两组压花辊来操作，使片状物料表面呈网状并起到牵引的作用；动物形状或其他不需要表面网状的片状物料可更换为平碾，使其只具有牵引作用。

第二步为复合。压花后的两片经过导向重叠进入复合碾，复合后的成品随输送带送入烘干，多余物料进入第三步回收装置。

第三步为回收。由一组专从挤压机返回的输送带来完成，使其重新进入挤压工序，保证生产不间断。

6. 烘干

挤出的坯料水分处于20%～30%，而下道工序之前要求坯料的水分含量为12%，由于这些坯料此时已形成密实的结构，不可迅速烘干，这就要求在低于前面工序温度的条件下，采用较长的时间来进行烘干，以保证产品形状的稳定。

7. 油炸

烘干后的坯料进入油炸锅以完成油炸和去除水分，使产品最终水分为2%～3%。坯料因本身水分迅速蒸发而膨胀2～3倍。

8. 调味、包装

用自动滚筒调味机在产品表面喷涂5%～8%韩国泡菜调味粉，然后进行包装即为成品。

五、油炸膨化马铃薯丸

（一）原料配方

原料配方为：去皮马铃薯79.5%，人造奶油4.5%，食用油9.0%，鸡蛋黄3.5%，蛋白3.5%。

（二）工艺流程

工艺流程包括：马铃薯→洗净→去皮→整理蒸煮→熟马铃薯捣烂→混合→成形→油炸膨化→冷却→油氽→滗油→成品。

（三）操作技术要点

1. 去皮及整理

将马铃薯利用清水清洗干净后进行去皮，去皮可采用机械摩擦去皮或碱液去皮。去皮后的马铃薯应仔细检查，除去发芽、碰伤、霉变等部位，防止不符合要求的原料进入下道工序。

2. 煮熟、捣烂

采用蒸汽蒸煮，使马铃薯完全熟透为止。然后将蒸熟的马铃薯捣成泥状。

3. 混合

按照配方的比例，将捣烂的熟马铃薯泥与其他配料加入搅拌混合机内，充分混合均匀。

4. 成形

将上述混合均匀的物料送入成形机中进行成形，制成丸状。

5. 油炸膨化

将制成的马铃薯丸放入热油中进行炸制，油炸温度180℃左右。

6. 其他

油炸膨化的马铃薯丸，待冷却后再次进行油炸，制成的油炸膨化马铃薯的直径为12～14mm，香酥可口，风味独特。

六、微波膨化营养马铃薯片

经微波膨化将马铃薯制成营养脆片，得到的产品能完整地保持马铃薯原有的各种营养成分，同时微波的强力杀菌作用避免了防腐剂的使用，更利于幼儿成长需要。

（一）主要原料

主要原料有马铃薯、食盐、明胶。

（二）工艺流程

工艺流程包括：原料→去皮→切片→护色→浸胶→调味→微波膨化→包装→成品。

（三）操作技术要点

1. 原料

选择不发霉、不变质、无虫、无发芽、皮色无青色、储藏期小于一年的马铃薯为原料。将选择好的马铃薯利用清水将表面的泥土等杂质洗净。

2. 配制溶液

因为考虑到原料的褐变、维生素C的损失和口味的调配，所以溶液应同时具有护色、调味等作用，且应掌握时间。

量取一定量水（要求全部浸没原料），加入需要的食盐和明胶，加热至100℃，使明胶全部溶解。制作同样的两份溶液，一份加热沸腾，一份冷却至室温。

3. 去皮

将清洗干净的马铃薯进行去皮，并深挖芽眼。去皮要厚于0.5mm，然后进行切片，切片厚度为1～1.5mm，要求薄厚均匀一致。

4. 护色及调味

先将马铃薯片放入沸腾的溶液中漂烫2min，马上捞出放入冷溶液中，并在室温下浸泡30min。

5. 微波膨化

将马铃薯片从冷溶液中捞出后马上放入微波炉内进行膨化，调整功率为750 W，2min后进行翻个，再次进入功率750W的微波炉中膨化2min，然后调整功率为75W持续1 min左右，产品呈金黄色，无焦黄，内部产生细密而均匀的气泡、口感松脆。

6. 成品包装

从微波炉中将马铃薯片取出后要及时封装，采用真空包装或惰性气体（氮气、二氧化碳）包装，防虫防潮、低温低湿避光储藏，包装材料要求不透明，非金属，不透气，产品经过包装后即为成品。

第四节　马铃薯三粉加工

一、精白粉丝、粉条

粉丝、粉条是我国传统的淀粉制品，配做汤、菜均可，其风味特殊、烹调简便、成品价格低廉，以马铃薯为原料加工粉丝的工艺是近几年才发展起来的。

（一）工艺流程

工艺流程如下：

粗淀粉→清洗→过滤→精制→打浆→调料→冷却→漂白→干燥→成品

（二）操作技术要点

1. 淀粉清洗

将淀粉放在水池里，加注清水，用搅拌机搅成淀粉乳液，让其自然沉淀后，放掉上面的废水、把淀粉铲到另一个池子里，清除底部泥沙。

2. 过滤

把淀粉完全搅起，徐徐加入澄清好的石灰水，其作用是使淀粉中部分蛋白质凝聚，保持色素物质悬浮于溶液中易于分离，同时石灰水的钙离子可降低果胶之类胶体的黏性，使薯渣易于过筛。把淀粉乳液搅拌均匀，再用120目的筛网过滤到另一个池子里沉淀。

3. 漂白

放掉池子上面的废液，加注清水，把淀粉完全搅起，使淀粉乳液成中性，然后用亚硫酸溶液漂白。漂白后用碱中和，中和处理时残留的碱性抑制褐变反应活性成分。在处理过程中，通过几次搅拌沉淀可以把浮在上层的渣及沉在底层的泥沙除去。经过脱色漂白后的淀粉洁白如玉、无杂质，然后置于贮粉池内，上层加盖清水储存待用。

4. 打芡

先将淀粉总量的3%～4%用热水调成稀糊状，再用沸水向调好的稀粉糊猛冲，快速搅拌约10min，调至粉糊透明均匀即为粉芡。为增加粉丝的洁白度和透明度、韧性，可加入绿豆、蚕豆或魔芋精粉打芡。

5. 调粉

首先在粉芡内加入0.5%的明矾，充分混匀后再将剩余96%～97%的湿淀粉和粉芡混合，搅拌好并揉至无疙瘩、不粘手，成能拉的软面团即可。初做者可先试一下，以漏下的粉丝不粗、不细、不断为正好。若下条快并断条，表示芡大（太稀）；若条下不来或太慢，粗细不匀，表示芡小（太干）。芡大可加粉，芡小可加水，但以一次调好为宜。为增加粉丝的光洁度和韧性，可在调粉时加入0.2%～0.5%的羧甲基纤维素、羧甲基淀粉或琼脂，也可加少量的食盐和植物油。

6. 漏粉

将面团放在带小孔的漏瓢中挂在开水锅上，在粉团上均匀加压力（或加振动压力）后，透过小孔，粉团即漏下成粉丝或粉条。把它浸入沸水中，遇热凝固成丝或条。此时应经常搅动，或使锅中水缓慢向一个方向流动，以防丝条粘着锅底。漏瓢距水面的高度依粉丝的细度而定，一般为55～65cm，高则条细，低则条粗。如在漏粉之前将粉团抽真空处理，加工成的粉丝表面光亮，内部无气泡，透明度、韧性好。粉条和粉丝制作工艺的区别在于制粉丝用芡量比制粉条多，即面团稍稀。所用的漏瓢筛眼也不同，粉丝用圆形筛眼，较小；制粉条的瓢眼为长方形的，较大。

7. 冷却、漂白

粉丝（条）落到沸水锅中后，在其将要浮起时，用小竿（一般用竹制的）挑起，拉到冷水缸中冷却，增加粉丝（条）的弹性。冷却后，再用竹竿绕成捆，放入酸浆中浸3～4min，捞起凉透，再用清水漂过。最好是放在浆水中浸10min，搓开粘在一起着的粉丝（条）。酸浆的作用是可漂去粉丝（条）上的色素或其他黏性物质，增加粉丝的光滑度。为了使粉丝（条）色泽洁白，还可用二氧化硫熏蒸漂白。二氧化硫可用点燃硫黄块制得，熏蒸可在一专门的房间中进行。

8. 干燥

浸好的粉丝、粉条可运往晒场，挂在绳上，随晒随抖擞，使其干燥均匀。冬季晒粉采用冷干法。

粉丝、粉条经干燥后，可取下捆扎成把，即得成品，包装备用。另外，在以马铃薯淀粉为原料制作粉丝、粉条的过程中，不同工艺过程生产出的产品质量有很大差异，这是由淀粉糊的凝沉特点所决定的。马铃薯淀粉糊的凝沉性受冷却速度的影响（特别是高浓度的淀粉糊）。若冷却、干燥速度太快，淀粉中直链淀粉来不及结成束状结构，易结合成凝胶体的结构；如缓慢凝沉，淀粉糊中直链成分排列成束状结构。采用流漏法生产的粉丝较挤压法生产的好，表现为粉丝韧性好、耐煮、不易断条。挤压法生产的产品虽然外观挺直，但吃起来口感较差，发“倔”。流漏法工艺漏粉时的淀粉糊含水量高于挤压法的，流漏出的粉丝进入沸水中又一次浸水，充分糊化，含水量进一步提高。挤压法使用的淀粉糊含水量较低，挤压成形后不用浸水，直接挂起晾晒，因而挤压法成品干燥速度较流漏法快，这样不利于直链淀粉形成束状结构，影响了质量。

二、瓢漏式普通粉条生产

瓢漏式粉条加工在我国已有数十年的历史。传统的手工粉条加工使用的漏粉工具是刻上漏眼的大葫芦瓢，以后逐步演变成铁制、铝制、铜制和不锈钢制的金属漏瓢。自20世纪 90 年代起，各地开始将瓢漏式粉条加工的手工和面改为机械和面，将手工打瓢工艺改为机械打瓢，节省了人力，提高了工效。

（一）工艺流程

工艺流程包括：淀粉→打芡→和面→漏粉→糊化成形→冷却→盘粉上杆→老化→晾晒。

（二）操作技术要点

1. 原料选择与处理

选用优质马铃薯淀粉是生产优质粉条的基本保证。粉条生产对原料的要求是：淀粉色泽白而鲜艳，最好白度在 80%以上，无泥沙、无细渣、无其他杂质、无霉变、无异味。对于自然干燥颗粒大而且较硬的淀粉，用粮食粉碎机粉碎后再加工。如里面混有少量较大的植物残叶等杂质，应提前挑拣出来。对自然保存的湿粉坨，加工粉条前要认真检查，发现局部有霉变现象，应用刀刮去霉层；表层及里层均有霉变现象，应放弃使用；表层落有灰尘时，应予拂净。湿粉坨使用前，应先破碎成小块，再用锨拍碎，必要时用手搓匀或用机器搅碎。从市场上购买的粗制淀粉，一般都需要净化。不同档次的粉条生产，对原料净化的要求有所不同。生产低档和中档偏下的粉条原料一般无须净化；生产中档及中档偏上的粉条，对淀粉应简易净化；生产高档粉条时应对淀粉进行精细净化。简易净化是指用简单的设备和简易的工序，将粗制淀粉中大量杂质去掉的过程。具体办法是将粗制淀粉置于大缸或池中，兑 3 倍左右的清水溶成乳液，过 120 目网筛去掉粗纤维，再加入酸浆调至 pH 值为 5.6～6.2，按酸浆法工艺脱色、去杂，通过静置沉淀分离出泥沙及蛋白质等杂质，吊滤后直接加工成粉条。颜色较暗的淀粉，有的是加工过程中黄粉等杂质未分离彻底而导致的，用此类淀粉加工的粉条，色泽呈暗褐色。由于黄粉中的主要成分是蛋白质，淀粉中的蛋白质在淀粉加工中是杂质，但在食品工业上是食品添加剂，在粉条里能起增筋作用。故农村有不少地方的农民喜欢食用颜色较暗的粉条。颜色发暗的淀粉里除了含有蛋白质外，还含有细渣和细沙甚至含有灰尘等杂质，因此加工时应尽量选用色泽白、杂质少的淀粉做原料。

2. 打芡

打芡是和面的前工序。芡的作用是黏结淀粉，使淀粉团成为适宜的流体状，通过漏瓢而流入锅内煮熟即成粉条。芡质量的好坏及适应性，对和面质量及漏粉效果影响很大。芡过稠，和成的面筋力过大，面团流漏性差，漏粉不畅；芡过稀，和成的面胶性差、筋力小、易断条。打芡稀稠的原则是：优质淀粉宜稀，劣质淀粉宜稠；干淀粉宜稀，湿淀粉宜稠；细粉宜稀，粗粉宜稠。制芡时先取少量生淀粉加温水调成淀粉乳，再加沸开水打成淀粉熟糊。如用含水量38%～40%的湿淀粉和面，先取其中6%的湿淀粉，兑入重量为湿淀粉重1/2的温水调成糊状，再兑沸开水（重量为湿淀粉重的1～1.5倍），边加边搅拌成糊状；如用含水量14%～16%的干淀粉和面，一般每100kg干淀粉取3.0～4.0kg的淀粉做芡粉（细粉取低值、粗粉取高值），加入1.5倍55℃温水先调成淀粉乳，打芡前，将芡盆用热水预热至60℃，再加入沸水50～60kg（细粉取高值、粗粉取低值），用木棒或搅拌机迅速顺着一个方向搅拌，先低速搅拌，后逐渐提高搅拌速度，直至均匀晶莹透亮、熟化、丝长、黏度大的熟糊，以防粉条过脆易断。若用碎粉条代芡，务必将碎粉条经手选→风选→水选→去杂→洗净→除沙→泡好后，煮15～20min，煮透再用。每50kg干淀粉加4.5～5.0kg干碎粉条煮烂的粉条。目前，粉条加工正积极推行无明矾生产工艺。方法是在和面时，将芡（待温度降到70℃左右时）倒入和面机中，再加入占干淀粉重量0.05%～0.1%的食用油（增加粉条的光亮度）、0.1%～0.3%的食用碱（起膨松与中和淀粉酸性作用）、0.5%～0.8%的食用精盐（增加粉条持水性、韧性、耐煮度，用前须经粉碎，用时稍加水溶解）和0.15%～0.2%的瓜尔豆胶（天然植物胶，无毒，根据生产需要量添加，达到增筋效果）或0.2%～0.3%的羧甲基纤维素或羧甲基淀粉或琼脂或加1%～3%的魔芋精粉。将和面容器中起预热作用的热水倒出，把制芡的淀粉置于里面，用1.5倍的30～40℃温水将明矾粉化开后与淀粉调成粉乳，再加入50～60kg沸水，边倒边用木棒朝一个方向快速搅拌，直至均匀透明为止。注意，上述用量是100kg干淀粉和面所需的量，如果每次和面用干淀粉50kg，则对上述各种料量减半。若用和面机制芡，可省去人工搅拌的劳动量，而且制芡快、搅拌均匀。但应注意机器转速不能过快，搅拌时间不能过长，以免淀粉糊的黏性降低，并在打糊容器外装保温设施。制好的芡应是熟化、透明、丝长、黏度大。芡打好后装入大盆或小缸备用。

3. 和面

和面实质上是用芡的黏性把淀粉黏结成团，并通过搅揉，把面团和成具有一定的固态，还有一定的流动性和较好的延展性的过程。和面的方法有手工和面与机械和面两种。

（1）芡同淀粉的比例

瓢漏式粉条加工，无论是人工和面还是机械和面，面团的含水率都要达到45%～48%。用芡的比例根据淀粉干湿而定。用干淀粉和面时，每65kg干淀粉加芡35kg左右即可；若用含水率38%～40%的湿粉和面，其含水率已达到和面水分要求的量，无法再加芡和面，因此必须加入一定量的干淀粉再兑芡和面。以每批和面的面团总重100kg为例，不同干湿淀粉加芡比例为：

①干湿淀粉比例1∶1，即干湿淀粉各为40kg时，加芡量为20kg左右。

②干湿淀粉比例4∶6，即干淀粉35kg、湿淀粉50kg时，加芡量为15kg左右。

③干湿淀粉比例3∶7，即干淀粉27kg、湿淀粉63kg时，加芡量为10kg。

随着芡用量的减少，芡的浓度也应随之提高，以保证有足够的黏结淀粉的能力。此外，加芡的比例还应根据不同批次淀粉具体的含水率及淀粉质量而定。如干淀粉的含水率有的在12%，有的在15%左右，湿淀粉含水率在38%～42%；有的淀粉可黏结性好，有的淀粉可黏结性差。因此，和面加芡时要因粉而宜，不能用统一的加芡比例。如对含水率高的淀粉应少用芡、用稠芡；对含水率低的淀粉应多用芡、用稀芡；对优质淀粉用芡量可适当减少，并以稀芡为主；对劣质淀粉用芡量可适当增加并以稠芡为主。加工粉条的种类不同，加芡的比例也不同。一般来说，加芡量的顺序是：细粉→粗粉→宽粉（片粉）→粉带，用芡的浓度与芡量相反，其顺序是：粉带→宽粉→粗粉→细粉。

（2）人工和面

①和面容器的预热及保温。粉条加工的主要季节在冬季，和面容器如果温度过低，会使面团温度下降过快，影响和面质量和漏粉质量。人工和面及手工漏粉所需的时间长，面团更容易降温。因此，在和面时必须对和面容器采取预热及保温措施。

②预热陶瓷缸或盆。用陶瓷缸或陶瓷盆和面保温性相对较好。在和面前用开水倒入缸（盆）里预热5～10min，开水的量不少于容器容量的1/3。预热期间，用热水向缸内壁上中部冲淋数次，使缸体受热均匀。缸热后再将热水倒出进行和面。和面缸不宜过深，一般以70cm左右为宜。打芡缸（盆）趁热和面也起预热作用。

③热水夹层。将和面容器置于大于该容器的另一个容器中，使两容器之间有3～5cm的夹层，和面时在夹层里注入60℃左右的热水进行保温。水温下降到30℃时，应予更换。此种方法保温效果较好。特制的夹层和面缸（盆）有注水孔和排水孔，使用更为方便。此外，在冬季还可采取在和面缸（盆）外网套上棉被、塑料薄膜，或提高室温等措施，以减

慢面温下降速度。

（3）和面方法

将淀粉置于和面缸（盆）中，一人执木棍搅拌，一人将热芡往里面倒，边倒边拌，拌匀时，用手将面揉光。若用缸和面时，由两三人轮流用双手翻揉，基本均匀时，再用手由面团四周从上到下揣揉，使面团不断向中间翻起来，以减少面团中的空气泡。在南方用大木盆和面时，一般是四五人旋转揣和，有节奏地进行，左手同时沿盆壁向下按去。右手拔起，接着左手拔起，右手向下按去，如此交替进行，并绕盆移位转动。一般左手按下，左脚着地，右手按下，右脚着地，手力、臂力、体力结合使用。面团在盆中运动的规律是从盆的四周被按下去，经盆底从中间向上凸起来。为防止盆底面团未充分和匀，应间断性地将盆底面团向上翻一翻。经 10～20min 的揉和，面团不断从中间凸起来，向四周分散。面中的小气泡不断被挤破，使面团的密度不断增大，粉条的韧性也随之增强。

（4）机械和面

用机械和面省工、省力、效率高。根据和面机械的不同，可分为搅拌式和面和绞龙揉面式和面。搅拌式和面机械是在搅杠一端焊接有不同类型的铁爪，由铁爪转动搅动面团进行运动。绞龙揉面式和面机械有立式型和卧式型，绞龙是由宽叶螺旋组成，工作时绞龙转动，同时螺旋叶片与面团摩擦生热。因此，在和面时要控制速度。此类机械和面还带有揉面的性质，和出的面相对质量较高，还可保持一定的面温。用普通和面机和好的面，再经过真空抽气机，抽空的面团密度大，增强了粉条的拉力和韧性，而且粉条光泽度好、透明。有的粉条厂家看到手工粉条好卖，就在和面之后，不用抽真空，而用模拟人工揉糊和面机进行揉面，以保证面团有良好的柔软性和延展性，这种模拟人工揉糊和面机生产的粉条口感柔软滑嫩。

根据机械和面用芡的种类不同，分为用常规芡和面和以碎粉代芡和面。用常规芡和面：常规芡就是平常和面所用的熟淀粉糊芡。和面时，开动和面机，边搅动边加淀粉边加芡，一般 8～10min 即可和成。以碎粉代芡和面：碎粉代芡是将盘粉、晒粉及切割过程中剩下来的碎粉煮烂代替芡和面，可取得与芡相同的效果。其原理是利用了马铃薯淀粉中支链淀粉多、直链淀粉少，老化后遇高温仍可煮烂发黏的特性。

4. 漏粉和煮粉

（1）漏粉

漏粉是将和好的面团装入漏瓢，以粉条状漏入煮粉锅的过程。漏粉亦分为手工漏粉和机械漏粉。漏瓢距水面的高度依粉条的细度而定，一般为 55～65cm，高则条细，低则条粗。

①手工漏粉：手工漏粉工具有两种类型：一种是非金属漏瓢，它是由葫芦瓢制成的；另一种是金属漏瓢，主要由铝、白铁、铜、不锈钢等金属制成，底部多为平底，上面刻有许多孔。金属瓢上多焊有插木柄的把，使用时比非金属漏瓢更方便。漏粉前先将面盆置于煮粉锅前，当细粉条要求水温达到95℃左右、粗粉条要求水温达到98℃左右时，将面团装入漏瓢。一人左手执瓢，右手用拳或掌根处（也可用木槌）不停地击瓢沿，由于粉瓢不停地均匀振动，使面团从瓢孔徐徐漏入面盆中，当粉条流漏均匀时入锅正式漏粉。漏粉时走瓢要平稳，距水面30～40 cm在锅内绕小圈运动，以防熟粉顶生粉发生断条。手工漏粉时，一人打瓢漏粉，一人将面继续揉好，并用手抓起一团面往漏瓢里补充。但由于人的臂力有限，一般连漏5～7瓢就要停下来换人。停下后将瓢内剩余面团用手去净，再用手蘸少许稀芡在瓢内涂一层（称为“利瓢”），作用是流漏顺利，而且易将最后剩余面团能顺利去掉。待锅内粉条煮熟捞出后，再按上述方法装瓢漏粉。每次缸内的面都要用手重新揉好，以防面团表层干燥，保证面团始终有较好的延展性。

②机械漏粉：粉条漏粉机械多用吊挂式和臂端式（机械手臂端漏瓢）。吊挂式漏粉机，在漏粉时吊挂于煮粉锅的上方，可通过调整瓢的高度来调节粉的粗细。瓢的振动是垂直振动，没有固定的平行摆动轨道和机械推动能。粉条在锅内做轻度来回运动的动能，来自往瓢里填面团时的辅助动力或推力，这种推力是很轻微的，否则摆幅过大，会使漏下的粉条跑出锅外。臂端式漏粉机漏粉时，除了漏瓢的垂直振动外，机械手臂还做水平弧形摆动，摆幅应在漏粉前调试好。

机械漏粉最大的优点是，可以不间断地往瓢里填面，连续漏粉。在水温和其他条件都能满足时，每50kg干淀粉和的面团，在15min左右即可漏完。在加工扁粉及粉带时，由于面团含水率偏小，筋力大，用吊挂式和普通臂端式非加压型的漏粉机漏粉已显困难。因此，必须使用木槌加压型的漏粉机，工作时，木槌不停地捶打漏瓢内的面团，并产生振动使粉漏出。无论手工漏粉还是机械漏粉，在漏粉过程中，要注意防止淀粉面温下降过快及面团表层干燥。预防措施除了对面盆和面进行保温外，还要对剩余面团不停地揉和，以防漏出的粉条出现大量的“粉珠”。

（2）煮粉

煮粉是指漏出的粉条在锅内糊化的过程。在锅内煮的时间与粉条粗细有关，一般在沸水锅中煮30～40s就熟化了（细粉取低值，粗粉取中值，扁粉取高值）。煮粉时扁粉、粉带重量大，在锅内停留时间长，容易使水温下降，因此应使炉火烧旺，以利充分熟化。细粉条很容易熟化，水温不宜过高，煮粉时间也不宜过长，否则容易在锅内断条。煮粉时要保持锅内热水的深度，一般要使水面与锅沿始终保持在1～2cm，便于粉从锅沿拉入冷水池；漏粉时间长，锅内水分蒸发损耗多时，应随时补充开水。如果漏粉时间长，锅内泡沫过多时，会从棚架漏下生粉条，影响粉条的熟化和质量，粉条在锅内熟化的标志是漏入锅中的粉条由锅底再浮上来。如果强行把粉条从锅底拉出或捞出，会因糊化不彻底而降低粉条的韧性，一定要使粉条煮熟。但如果粉条浮起时间长而不出锅，则使粉条易煮断。

5. 捞粉冷却和疏散剂处理

（1）捞粉冷却

当粉条由锅底浮出水面时即为熟化，可以捞出冷却。手工漏粉的捞粉分为分批捞粉和连续捞粉。分批捞粉是当一瓢粉漏完后停下来，等锅内粉条全部浮上来后，用竹篮伸入锅内水中，用细棍将粉条拨入篮中捞出，倒入冷水池冷却，每瓢漏的粉盘一杆。连续捞粉是一人站于锅边，等粉条浮上后不停地用拨粉棍将粉条捞入锅边的冷水池。机械漏粉是连续性的，因此，捞粉多采用自流式的捞粉方法，即当粉头浮出水面后，用拨粉棍将粉头拉出锅沿进入冷水池，以后凭借盘粉时对粉条的拉力，使粉条不断地从锅内拉入冷水，冷水池的温度控制在20℃以下，并及时补充冷水。漏粉的速度，煮熟浮起的速度，与进入冷水池及盘粉的速度必须是一致的，如果其中任何一道工序不协调，就会造成整个系统的紊乱，不是影响粉条的质量就是影响加工的效率。在粉条从锅内流入冷水池的过程中，为了防止粉条被锅沿伤害，须在锅沿处安装滑动或滚动装置。该装置一般是由直径10～15cm、长20cm左右的小木轮组成，中轴是一根铁丝支在木轮两端竖柱上。轻触木轮就会使其转动，让粉条通过木轮进入冷水池，凭借冷水池的粉条拉力可带动木轮转动，使粉条能够顺利从锅中“滑”出来。如果小木轮转动不畅，可用手摇动曲柄带动木轮转动。安装在锅沿上的小木轮冷却在粉条加工中包含有以下三个方面的内容：一是粉条在沸水中完成糊化后须迅速置于冷水池中冷却；二是粉条上杆后需要放置一段时间使粉条温度逐渐下降；三是将粉条置于0℃以下冷冻的过程。第一个过程是任何瓢漏式粉条厂都必须经过的冷却过程。第三个过程必须是在冬季或有冷库的地方进行，如果没有冷冻条件时，第二个过程则显得更为重要，因为这个冷却过程，又成了必需的老化过程。在冷水中冷却的目的主要是迅速把糊化后的淀粉变成凝胶状，洗去表层部分黏液，降低粉条黏性，减少粉条之间的黏结性，如果冷水池中水温升高过多及水的浓度增大，都会有降低冷却的效果。因此，冷水池中的水应定期更换或不断注入少量的冷水，使冷水池呈流水状。在冷水池中降温后，可进入下一道工序。

（2）疏散剂处理

不经冷冻晾晒的粉条容易黏结，出现“并条”现象。因此，缺乏冷冻条件或冷冻条件不充分时，必须提前对粉条进行疏散剂处理。处理的时间是在冷水池中冷却之后和上杆前后。常用的疏散剂主要是淀粉酶（大麦粉）和酸浆水。疏散剂在水溶液中的浓度：麦芽粉0.05%，加酸浆水时应使水溶液 pH 值达 6 左右。

6. 冷冻与老化

粉条的熟化称为α-化（糊化）。熟化后的粉条，需要在低温静置条件下，逐渐转变为不溶性的凝胶状，使粉具有耐煮性。这个过程称为粉条的β-化（老化）：从粉条上杆后的静置及冷冻到干燥前都是粉条的老化过程。老化就是要创造条件，促进α-化向β-化的转变。粉条老化的措施主要是冷冻老化和常温老化。

（1）冷冻老化

冷冻是加速粉条老化最有效的措施，是国内外最常用的老化技术。通过冷冻，粉条中分子运动减弱，直链淀粉和支链淀粉的分子都趋向于平行排列，通过氢键重新结合成微晶束，形成有较强筋力的硬性结构。冷冻的第二个目的是防止粉条粘连，起到疏散作用。粉条滗水后通过静置，粉条外部的浓度较内部低，在冷冻时外部先结冰，进而内部结冰。在结冰时粉条脱水阻止了条间粘连，故通过冷冻的粉条疏散性很好，因此在冷冻前一般不用疏散剂处理。冷冻的第三个目的是促进条直。由于粉条结冰的过程也是粉条脱水的过程，冰融后粉条内部水分大大减少，晾晒时干燥速度加快，加之粉条是在垂直状态下老化而定型的，粉条晒干后也易保持顺直的形态。为了提高粉条质量，采用冷库代替自然冰冻，在-9～-5℃条件下，缓慢冷冻 12～18h，冻透为宜。

（2）天然冷冻

利用冬季大气温度低于-2℃的条件，进行粉条冷冻称为天然冷冻。方法是：在晚上温度降到 0℃时，将晾好的粉条挂放在自然冷冻室内的木架上，冷冻室上面与周围用塑料薄膜挡严，以防止粉条被风吹干，冷冻过程中翻 1～2 次。在自然冷冻的前期常温置放及后期的冷冻过程中，粉条失水不宜过快，要保持一定的含水量。在水分含量高的情况下，分子间碰撞机会多，有利于老化。水分不足时则影响老化。因此，在自然冷冻时，定期往粉条上喷些水，待粉条被冰包严后就不会再把粉条冻得发白。在冬季气温偏高地区，白天要把粉条架在室内，或上面盖上席，四周围上塑料薄膜，若白天太阳出来时可防晒、保湿，晚上天冷时可缓慢冷冻，使冻粉均匀。如果没有冷冻条件，为了常年生产，解决粘连问题，除了把漏好的粉条放入含 0.05%麦芽粉的水池中浸泡一段时间，取出滗水后，粉条在平台上蘸些食用油，并揉搓一下，使粉条蘸油均匀，并在15℃以下的晾粉室内，晾放20～24h，12～14℃晾放10～12h，或6～10℃晾放4～8h，温度越低晾放时间越短。因此，晾粉室应设在地下室或半地下室，以便控制高温。晾粉后再用清水浸泡一段时间，以便洗开后进行晾晒。

7. 干燥

冷冻后的粉条要脱冰融化，冷冻后，先把冷冻粉条浸泡在冷水中一段时间，经浸泡揉搓散条，然后可进行干燥。经过干燥，水分降低到安全的含量，有利于储藏和运输。

（1）粉条水分及其散失

粉条中的水分主要分为自由水和结合水。自由水包括粉条表面的润湿水分及分子间隙水分，此种水分属于机械结合方式，在冷冻条件下容易结冰，在脱冰和干燥过程中容易去掉；结合水包括与蛋白质、淀粉、果胶质等紧密结合的化学结合水和物理结合水，此种水分有一部分不易去除。粉条表层自由水的散失，必须是粉条表层水蒸气压大于周围空气的水蒸气压，具有分压差。粉条和介质（空气）两者温差越大，分压差越大，水分散失得越快。粉条与介质（空气）两者湿度差越大，空气流动速度越快，越容易带走粉条表层汽化的水分。在粉条干燥过程中，由于表面水分的汽化，中心部分的水分含量要比表面部分的高，形成了湿度梯度。由于这种湿度差的存在，水分就会由于毛细管力和扩散渗透力的作用，从水分含量高的地方向含量低的地方移动。当移动到粉条表面后又不断被汽化，最终实现了干燥。

（2）干燥的方法

根据干燥设备的不同种类，干燥方法分为自然干燥、烘干房干燥和隧道风干。

①自然干燥：利用太阳辐射能对粉条进行露天干燥，是多年来我国粉条干燥的主要形式。自然干燥的优点是，不需要消耗燃料，可降低生产成本。但受天气制约较大，影响连续生产，而且干燥过程中易受粉尘污染。晒粉应在硬化的干净场地上进行。室外气温在22～25℃，风力3～4级的晴天或晴间多云天气，是晒粉条最适宜的天气。晒粉前，应对粉条进行预处理。经冷冻处理的粉条，晒粉前可放入温水中融冰，也可先用木棒捶粉脱冰，残余冰在温水中融去，然后挂在晒粉架上晾晒。若是常温置放老化的粉条，粉条粘连严重时可放入水中先浸泡，并在水中将粉条粘连处全部搓开后再晾晒。在有风天气，1h左右翻1次（将粉条带粉杆做180°扭转），使其受风均匀，2h左右松条（方法是取下两杆粉合并起来，两手握两杆粉的粉杆两端使粉条在席上做抖、绕运动，使粘连处自动散开）。然后对不能完全散开的挂起，用手梳理揉搓使其充分散条。散条后将粉条连杆叠放起来，

每 10～15 杆 1 垛，整齐码好，盖上单子或塑料薄膜，使粉条匀湿。经 30～40min，粉条中的水分由湿的部位向干的部位转移，使粉条上下、内外干湿一致，粉条由弯变直。然后将粉条挂起来继续晾晒 20min 左右，再翻转 1 次。粉条不宜晒得过干。粉条晒得过干易酥脆，粉条含水率达到 15%左右为宜。如果风力过大，要将粉条下端折起搭到绳上，30min 以后，再放下晒，以免粉条下端过干变酥脆。

②烘干房干燥：烘干房以煤、电、蒸气加热进行烘干，可避免不良天气影响，而保证生产的连续性。烘房有简易烘房和现代化风干流水线。土烘房类似于烟炕，用煤加热火龙（火道），在龙下设置鼓风设备，室内架设粉架挂粉条，烘房上方设置排湿口。在烘房内制造出 3～4 级的风力条件。以热风带走粉条中的水分，达到烘干的目的。烘房内温度一般不能超过 60℃，温度过高，粉条容易粘连，同时表面和中间失水速度不一，会造成表面光滑度下降。室内干湿差应高于 4～5℃。粉条干燥须经过三个阶段：第一阶段为快速排湿阶段。室温保持 25～35℃，加大风量，粉条中的水分散失 20%左右时，将粘连的粉条理开。第二阶段为保形散失阶段。室内气温保持 35～50℃，风量中等。如果温度过高，粉条表面失水过快，为保持粉条均衡失水，室内应保持一定的湿度，使粉条直而不弯。如果发现有严重弯曲趋势时，应将粉条取下堆压理直，然后再烘。此阶段水分又散失 20%～30%。第三阶段为干燥成品阶段，室温应保持 25～35℃。低温大风、少排湿，使粉条干燥至含水量 14%时即可。以上三个阶段可在同一室内进行，也可分室进行。现代化干燥房已将烘干工序制成风干流水线，湿粉条缓慢经风干隧道，温度控制在 20～30℃，调节适量的风速，经风干 40～60min 即成干品。

③隧道风干：隧道风干以煤、电、蒸汽或下粉余热加热进行烘干，可避免不良天气影响，而保证生产的连续性。在隧道内制造出 3～4 级的风力条件，以热风带走粉条中的水分，达到烘干的目的。隧道内温度一般不能超过 40℃，温度过高，粉条容易粘连，同时表面和中间失水速度不一，会造成表面光滑度下降。室内干湿差应高于 4～5℃。粉条干燥须经过三个阶段：第一阶段为快速排湿阶段，室温保持 25～35℃，粉条中的水分散失 20%左右时，将粘连的粉条理开。第二阶段为保形散失阶段，室内气温保持 35～40℃。如果温度过高，粉条表面失水过快，为保持粉条均衡失水，隧道内应保持一定的风力、湿度，使粉条直而不弯。第三阶段为干燥成品阶段，湿粉条缓慢经风干隧道，温度控制在 30～40℃，调节适量的风速，经风干 40～60min 即成干品。

8. 包装

刚晒干的粉条（丝）不能直接包装，最好在室内摊放1～2h，让其适当吸潮，以防脆断，然后按产品品质的不同等级分别归类，送到包装车间进行包装。粉条包装分为大件包装、纸箱包装。

（1）大件包装

重量为5～10kg，粉条头尾分层交叉叠放，用细绳捆紧，装入加压内衬薄膜的编织袋中。包装袋按要求填写商品标签，如品名、生产厂家、重量、生产日期、保质期等。10kg的用细红塑料绳或塑料带捆两道，然后装入加压内衬膜的塑料编织袋中。这类包装适于长途运输或在以农村为主的农贸市场销售，粉条以中低档为主。

（2）纸箱包装

每箱粉条重5kg。纸箱有彩色和单色两种，以彩色的包装效果较好。纸箱大小以长×宽×高=40cm×25cm×20cm为好，纸箱内加衬塑料薄膜。包装时用切割机或铡刀按要求长度进行切割。例如，秦皇岛市一些中外合资企业，对于出口装箱的粉条，生产时粉条的长度是根据纸箱的长度而定的，因此干燥后无须切割。该经验值得国内箱装粉条生产企业借鉴：不论采用哪种纸箱包装，最好在箱内放上产品说明，在箱面上要印上彩色或单色图案、商标、生产日期、重量等。

9. 检验

成品主要检测卫生指标、理化指标，按国家相应的食品标准执行，检验合格后即可入市销售。粉丝和粉条均要求色泽洁白，无可见杂质，丝条干脆，水分不超过12%，无异味，烹调加工后有较好的韧性，丝条不易断，具有粉丝、粉条特有的风味，无生淀粉及原料气味，符合食品卫生要求。

第五章　马铃薯淀粉及蛋白生产技术

第一节　马铃薯输送与清洗工艺及设备

一、马铃薯输送工艺及设备

马铃薯输送到加工车间，有两种方式：一是湿法输送，采用水力将马铃薯输送到清洗车间；二是干法输送，采用倾斜“人”字形皮带输送机、大倾角刮板式皮带输送机将马铃薯输送到清洗车间。在波兰、俄罗斯等年降雨量少的国家或地区，新建马铃薯淀粉加工厂，采用干法输送马铃薯到清洗车间的，且加工厂是建在马铃薯产区的。马铃薯输送过程，需要在工艺细节尽可能地保护马铃薯皮层不受损伤，以马铃薯输送过程损伤率降到最低为原则。

（一）马铃薯干法输送工艺

1. 马铃薯干法倾斜输送

如果工厂选址是平地，地形高差范围不大，需要设计马铃薯储存、卸车场地、马铃薯清洗车间、湿加工车间、干燥车间、成品库、铺料库、高低压变电和供电、软化水处理车间、锅炉房及煤堆场、薯渣发酵堆场、清洗水循环使用处理站、污水处理站等设施。在靠近马铃薯清洗车间的马铃薯堆场，做一个三边有45°坡的长方形混凝土马铃薯输送沟，底部设计安装“人”字形平板式皮带输送机，同时在该机末端（出料口）安装一台大倾角皮带输送机，该机的出料口与露天鼠笼式除杂机进料口相连接，鼠笼式除杂机的出料口配有一台“人”字形平板式皮带输送机，由该机将马铃薯输送到清洗车间的配水罐，简称倾斜输送方法（马铃薯输送，建议尽可能不选用任何形式的螺旋输送机，它对马铃薯损伤最大）。

干法倾斜输送过程：由一台装载机或多台人力手推车，把近距离储存马铃薯铲起或装车，再倒入长方形混凝土输送沟，由输送沟底部“人”字形平板式皮带输送机将马铃薯输送到大倾角皮带输送机进料槽，再由该机将马铃薯输送到约6m高的斜槽，然后自流进入鼠笼式除杂机。该机在运转过程中，使马铃薯表皮能起到相互摩擦的作用，除去马铃薯表皮部分沙土（指马铃薯表皮没有水分的条件下），同时能将30mm以下的石块、沙粒、黏土及其他杂质去除（也称干法清洗）。而杂物及沙土经除杂斗自流到手推车。马铃薯经该机出口自流进入“人”字形平板式皮带输送机，然后由该机将马铃薯输送到清洗车间配水罐，加水后再进行除草、除石、除铁、多级清洗。

2. 马铃薯干法水平输送

对于选址在山坡地的马铃薯淀粉生产线，可利用地形划分三个高位差平面，按照地形采用不同平面布置。第一平面布置马铃薯原料堆场。第二平面布置马铃薯清洗车间、湿加工车间、干燥车间、成品库、铺料库、高低压变电室、软化水处理等设施，两个平面的高差最好在5.7～5.8m，方便工艺布置，同时可设计消防通道及物料运输道路。第三平面高差根据地形而定，分别布置锅炉房及煤场、薯渣发酵场、循环水处理站、污水处理站。靠近马铃薯清洗车间原料堆场，做一个三边有45°坡的长方形混凝土马铃薯输送沟，底部设计安装“人”字形平板式皮带输送机，该机出料口与露天鼠笼式除杂机进料口相连接，鼠笼式除杂机出料口配有一台“人”字形平板式皮带输送机，由该机将马铃薯输送到清洗车间配水罐，简称水平输送方法。

干法水平输送过程：由一台装载机或多台人力手推车，把近距离储存马铃薯铲起或装车，再倒入“人”字形平板式皮带输送机的混凝土输送沟，由该机将马铃薯输送到鼠笼式除杂机。该机在运转过程中，使马铃薯表皮能起到相互摩擦作用，除去马铃薯表皮部分细沙、黏土（指马铃薯表皮没有水分的条件下），同时将30mm以下的石块、沙粒、黏土及其他杂质除去（也称干法清洗）。被除去的杂物经除杂斗自流到手推车。马铃薯经该机出口自流进入“人”字形平板式皮带输送机，由该机将马铃薯输送到清洗车间配水罐，加水后再进行除草、除石、除铁、多级清洗。

马铃薯干法输送工艺，仅适用于12t/h以下小型马铃薯淀粉生产线做配套，不适应规模较大的马铃薯淀粉生产线输送原料。其原因为：①干法输送过程需要雇用大量劳动力，且机械或人力手推车在搬运马铃薯的过程中，难免对马铃薯造成损伤。②干法输送缩短了马铃薯在水中的浸泡时间，使部分芽眼较深的马铃薯暗藏的细黏土得不到有效浸泡，给马铃薯清洗造成一定的难度。③对储存期间马铃薯呼吸所散发在表皮的水分、生产期间遇雨水淋湿的马铃薯通过鼠笼式除杂机相互摩擦清洗时，该机的除杂效率会下降。

（二）马铃薯湿法输送工艺

马铃薯湿法输送工艺：一般为加工量较大的马铃薯淀粉生产线所采用，实际是指用水输送马铃薯，称湿法输送工艺。马铃薯湿法输送是从马铃薯储存堆放地点或储存库借助水力将马铃薯冲散，形成水与马铃薯混合物，通过泵或"U"形槽输送到马铃薯清洗车间。马铃薯湿法输送可根据地形选择水平输送或垂直输送两种方法。马铃薯采用湿法输送，可以减少马铃薯二次搬运、机械输送过程的损伤。同时，马铃薯与水混合后在输送及流动过程中，可对马铃薯表皮、芽眼黏结的细泥沙进行浸泡和清洗。

1. 马铃薯湿法水平输送

厂址选在山坡地的马铃薯淀粉加工厂，可利用地形划分两个或三个高位差平面，按照地形不同进行布置。第一平面布置马铃薯储存场地、流送沟、地磅房；第二平面布置马铃薯清洗车间、湿加工车间、干燥车间、成品库、铺料库、高低压变电室、软化水处理；第三平面可布置锅炉房及煤场、薯渣发酵场、循环水处理站、污水处理站等。第一平面和第二平面的高差最好在5.7～5.8m，方便水平输送和清洗车间工艺布置。清洗车间与第一平面须留有足够的间距，方便设计安装漂浮除石机、除杂草设备、钢制U形槽、操作平台及消防通道（厂区运输道路）。湿法水平输送与湿法垂直输送工艺的原理相同，仅减少了两台马铃薯清洗输送泵。与垂直输送工艺配置相比较，土建投资大，而输送机械设备投资较少，每年维修费用也低。

湿法水平输送工艺是由一台水枪从流送沟把马铃薯冲散，水与马铃薯混合后，沿着流送沟沟底U形槽自流进入室外或室内漂浮除石机（根据当地气候条件设计），经除石机除去石块及沙粒，然后在自流过程中除铁、除草、清洗、脱水、多级清洗（称马铃薯湿法水平输送工艺）。

2. 马铃薯湿法垂直输送

荷兰、德国、丹麦等国马铃薯原淀粉加工厂，一般是日加工马铃薯6000t，日生产商品淀粉1200t的企业（加工鲜马铃薯250t/h，平均淀粉含量为18%，以产出比5.0∶1计算）。采用水力输送马铃薯到清洗车间，一般设计露天混凝土圆锥形储存池，设计储存量为1.3～1.5万吨。储存池卸车平台外边缘与马铃薯输送泵房垂直线距离约10m，输送泵房与马铃薯清洗车间直线距离为18～20m。马铃薯储存池垂直高于清洗车间水平平面9～

11m。储存马铃薯的池子是上部圆、下部锥形，半径大约在 30m，其池子中心直线深约 11m，池子中心设计筒状小圆池，且为 360°进料区，小圆池顶部安装扇子形旋转卸车平台轨道，并承载着扇子形卸车平台。扇子形卸车平台可 360°旋转卸马铃薯到储存池的各个位置。池子的内壁 360°设计倒三角形状的自流沟槽，沟槽的上部安装自动控制进水阀门。承载卸车平台的池子内壁直线深约 1.2m，为扇子形卸车平台外侧承载轨道。1.2m 以下设计倒三角形自流沟槽一直延伸到池子的中心与筒状小圆池子的进口相连通，自流沟槽的坡度大约为 36.7°，输送水可将马铃薯从沟槽上部冲送到下部的筒状小圆池进口，经 U 形溜槽自流进入马铃薯输送泵房进行除石、除草后再采用泵输送到清洗车间，欧洲马铃薯淀粉加工行业的这种设计建造，有利于马铃薯的卸车，水力输送路线也长，且在输送过程中能对马铃薯进行浸泡，清洗马铃薯表皮的黏性泥土。但下雨时马铃薯得不到保护，建设投资大。

按我国马铃薯产区和国情，马铃薯淀粉加工企业一般较小，最大的马铃薯原淀粉生产线，日加工马铃薯 1400t，日生产商品淀粉约 250t（加工马铃薯 60t/h，平均淀粉含量 14.6%，以产出比 5.6：1 计算），对于马铃薯输送一般采用湿法垂直输送到清洗车间。设计储存池要根据地形选择，也可以在主车间水平平面或高于主车间水平平面进行布置，马铃薯流送沟储存量最少应按 7d 的生产能力计算。对于 30t/h 马铃薯淀粉生产线，流送沟的总长度一般设计为 90m，流送沟总宽 14m，流送沟沟底 U 形槽直线或转弯平均取坡度 1.2%～1.3%。以流送沟 U 形槽中心为界线，两侧横向各取坡度 15%。最低端深度以 2m 计算，设计三个流送沟，大约能容纳 4900t 马铃薯，可供生产车间 6.8d 加工时间，一个供给车间生产，另外两个收购马铃薯继续储存，每个流送沟可容纳 2520m^3马铃薯，约1640t，露天流送沟工艺条件如图 5-1 所示。在我国东北、西北寒冷地区，应把流送沟建在储存库内，再采用水力输送到清洗车间，自流 U 形槽越长越好，在自流过程中可浸泡、清洗马铃薯表皮的黏性泥土。设计露天流送沟或储存库内流送沟，最好配套强制通风、抽风设施，将储存期马铃薯呼吸所散发出的水蒸气通过送风、抽风设备排放到大气中，以降低马铃薯储存期的腐烂。水力垂直输送首选设备是马铃薯清洗输送泵。采用水力输送马铃薯时，水与马铃薯比例一般控制在马铃薯为 25%，水为 75%。对于加工 30t/h 马铃薯原料的淀粉生产线，选用单级单吸蜗壳悬臂式马铃薯清洗输送泵，输送马铃薯到清洗车间。计算马铃薯体积重量时，一般每 m^3马铃薯按 0.65～0.70t 估算。如选择一台流量在 400m^3/h 的马铃薯清洗输送泵，它的工作效率按 95%计算，实际体积流量为 380m^3/h。输送比例按马铃薯为 25%，水为 75%计算，输送水 285m^3/h，而马铃薯占 95m^3/h（马铃薯约 61.5m^3/h），可以满足加工车间的生产需求。

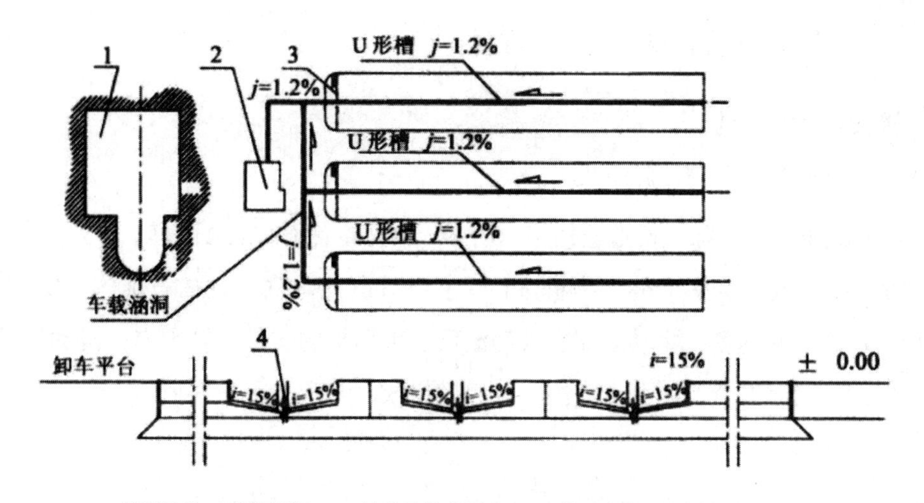

1—流送沟前U形槽涵洞；2—输送马铃薯泵房；3—输送水枪隔离挡墙；4—输送水枪

图5-1 露天流送沟工艺条件图

以30t/h加工马铃薯生产线为例，马铃薯在储存库或流送沟被水枪冲散，马铃薯与水混合，自流到U形溜槽以每秒0.7m的速度进入马铃薯清洗输送泵前的除石机，除去石块及沙粒。在这个过程需要给除石机加入28～30m³/h的反冲水。工作压力控制在0.08～0.10MPa。被除去石块、沙粒再经大倾角皮带输送机输送到室外，输送工艺如图5-2所示。马铃薯与水的混合物，自流进入马铃薯输送泵前的缓冲分配池子，被该泵输送到高位置的流送槽（一台工作，一台待命），在自流过程中除去杂草。马铃薯与水的混合物，在U形流送槽以0.7～1.25 m/s的速度进入清洗车间，在自流过程中除去金属物，然后进入二次重力漂浮除石机除去泥沙，同时给除石机加入28～30m³/h的反冲水。工作压力控制在0.05～0.10MPa。

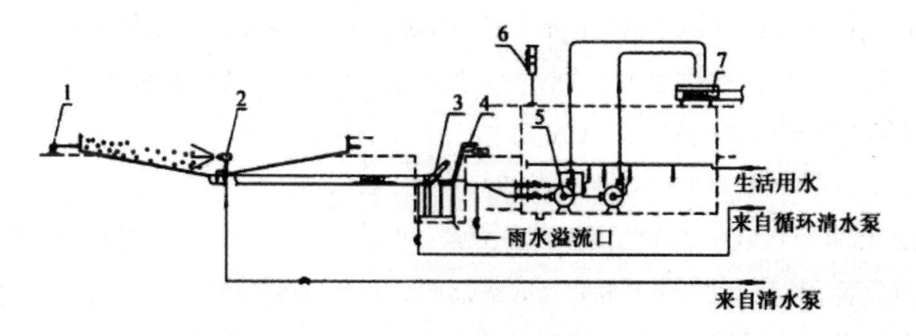

1—鼓风机；2—输送水枪；3—漂浮重力除石机；4—刮板提升机；

5—马铃薯泵；6—信号指挥灯；7—输送槽

图5-2 马铃薯除石输送工艺图

（三）马铃薯湿法输送主要设备选择

1. 马铃薯输送除石机

（1）JS-3000 型重力漂浮除石机

JS-3000 型重力漂浮除石机适应加工 30～60t/h 马铃薯生产线做配套。

①组成结构：由机架、壳体、物料进口法兰、物料出口法兰、捕石锥体、反冲水管、控制阀门、电机及减速箱、主动滚筒、被动滚筒、带刮板的皮带、轴承座、滑动轴承、传动装置、密封润滑水装置、石头出口法兰等组件组成。结构如图 5-3 所示。

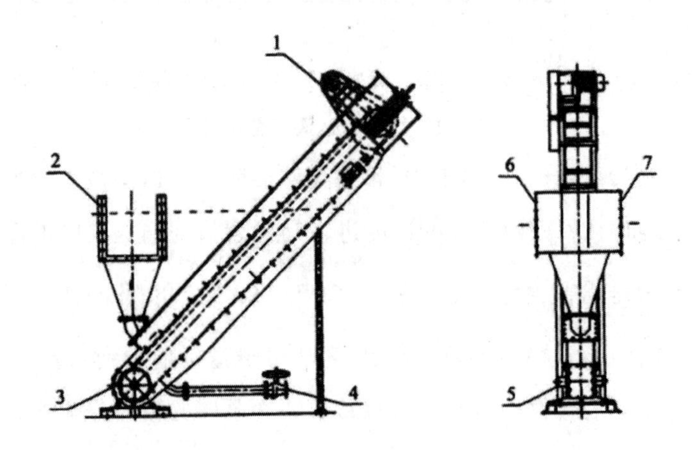

1—减速机及电机；2—进出口连接法兰；3—被动皮带转筒；
4—反冲水进口阀；5—轴承座及密封润滑水进口；
6—物料出口；7—物料进口

图 5-3　JS-3000 型重力漂浮除石机结构图

②工作原理：被输送的马铃薯和水的混合物料，以 0.7～1.25m/s 的速度通过除石机锥体时，由于石块、沙粒和马铃薯的比重不同，石块、沙粒以螺旋线沿大锥体内壁落入小锥体底部，石块和沙粒被小锥体底部的刮板式皮带输送机输出。而马铃薯在反冲水的浮力下，顺利通过除石机的锥体流入下道工序。

（2）TQS-1500 型和 TQS-2000 型旋流式重力除石机

TQS-1500 型和 TQS-2000 型旋流式重力除石机针对加工 30t/h 马铃薯生产线做配套，适应于马铃薯、红薯、芭蕉芋淀粉生产的湿法输送过程除石、除沙。

①结构组成：由机架、壳体、电机及减速箱、主轴、螺旋搅拌叶片、物料进口法兰、物料出口法兰、反冲水管及阀门、石头收集管组件组成。刮板式皮带输送机由电机及减速箱、主动滚筒、被动滚筒、带刮板的皮带、轴承座、滑动轴承、传动装置、密封润滑水装

置、石头出口法兰组件组成。

②工作原理：马铃薯和水的混合物料，以 1.25m/s 的速度自流进入除石机进口大锥体内壁旋转向下运动，由于石块和马铃薯比重不同，石块和沙粒以螺旋的方式沿大锥体内壁落入小锥体，并在螺旋形浆叶片同方向转动下，使石块、沙粒快速落入底部，经皮带输送机的进料端被皮带输出。而马铃薯混合物在反冲水浮力下通过除石机大锥体出口流入下道工序。其工作原理如图 5-4 所示。

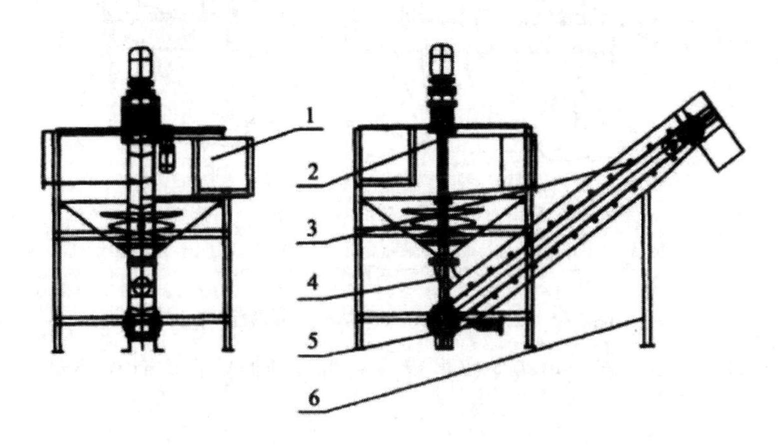

1—锥壳体及进料口；2—叶片及主轴；3—沙石刮板皮带机；

4—沙石收集器；5—皮带被动滚筒；6—支架

图 5-4 TQS-2000 型旋流式重力除石机原理图

2. 250WD/400-15 型马铃薯清洗输送泵

250WD/400-15 型马铃薯清洗输送泵属于单级单吸悬臂式蜗壳无堵塞泵，叶轮属于无叶片叶轮，叶轮流道是从进口到出口的一个弯曲流道。它采用了无堵塞理论、双流道布置，给物料流动留有充分的空间，使泵无堵塞性能，可输送较大固体颗粒和长纤维的介质，对一定尺寸的物料基本无损伤，可以满足马铃薯、苹果等物料的输送。该清洗泵由中国农业机械化科学研究院制造。

①组成结构：250WD/400-15 型马铃薯清洗输送泵由泵座、泵壳体、油箱、轴承压盖、圈、支承座、盘根、叶轮、叶轮螺母、定位键、中间体支架、通气螺塞、油封、轴承、主轴、轴承支架、轴套、0 形密封盖、皮带轮、三角皮带、电机、电机皮带轮等组件组成，如图 5-5 所示。

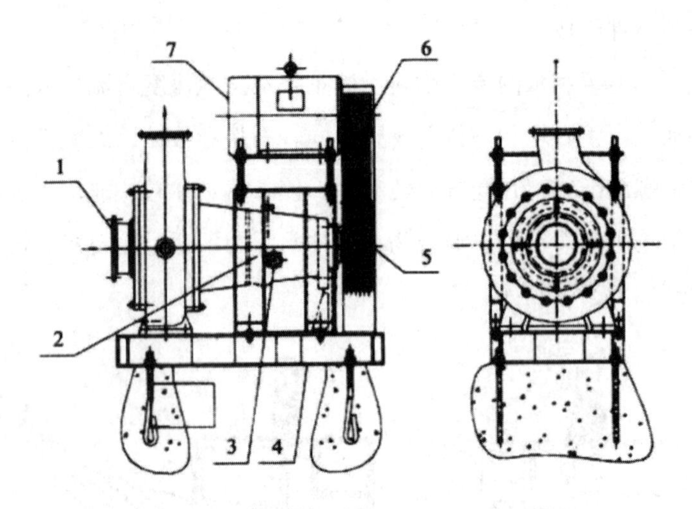

1—进料法兰；2—油箱壳体；3—油位视镜；4—安装底座；

5—被动皮带轮；6—主动皮带轮；7—电动机

图 5-5　250WD/400-15 型马铃薯清洗输送泵

②工作原理：与 PW 系列单级单吸悬臂式离心泵相似，在电动机驱动下，泵轴及叶轮高速旋转时，液体被吸入泵的叶轮流道内做圆周运动，在离心力作用下，液体从叶轮中心向外周抛出，从而叶轮获得压力能和速度能。当液体吸入叶轮蜗壳流道到液体出口时，部分速度能转化为压力能。当液体经叶轮抛出时，叶轮中心产生低压，与吸入液体面的压力形成压力差，泵的叶轮连续运转，液体连续被吸入叶轮，液体按一定的压力被连续抛出，以达到输送液体的目的。

（四）马铃薯湿法输送过程除石、除泥沙

淀粉生产企业要得到高质量商品淀粉，要保证锉磨机可靠有效工作，需要确保石块、杂草、沙粒及其他金属物不得进入锉磨机，不损伤锉磨机锯条，延长使用寿命，有效保证下一道工序顺利进行。荷兰、德国、丹麦等大型马铃薯淀粉加工企业，为了提高商品淀粉质量和产品稳定性，在马铃薯泵输送之前设计安装了除草机和除石机，目的是预防石块、沙粒及其他杂物进入土豆输送泵，以防损伤泵的叶轮及马铃薯输送过程产生堵塞。预防被打碎的细沙粒再流到下一道工序，给下道工序增加负荷。20 世纪 80 年代波兰、我国西北大部分马铃薯淀粉加工厂都采用单头和双头滚筒式除石机，单头滚筒式除石机结构如图 5-6所示。其缺点是占地面积大，该机对输送比例和流速要求很高，控制难度较大，除石效率不到 98%，除泥沙效率不到 60%。20 世纪 90 年代末我国新开发的 JS-3000 型重力漂浮除石机投入使用后，除石效率为 100%，除泥沙效率为 90%，同时占地面积较小，解决

了输送过程流速和比例存在的难题。

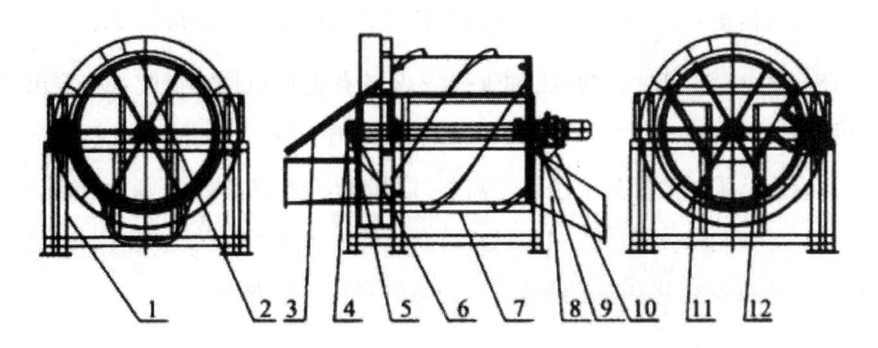

1—机架；2—滚筒；3—石块流槽；4—轴承支座；5—轴承；6—轴承挡圈；

7—集石壳体；8—出料 U 形槽；9—支承架连接螺栓；10 —减速机座；

11—集石槽滚筒支架；12—进料口

图 5-6 GS/1600 单头滚动式除石机结构图

二、马铃薯清洗工艺及设备

（一）马铃薯清洗基础知识

20 世纪 80 年代末，我国马铃薯淀粉加工行业，对马铃薯清洗采用桨叶式洗薯机，清洗效果较差，主要反映在马铃薯表皮和芽眼暗藏的黏性泥土不能彻底清除。20 世纪 90 年代末随着科技发展，马铃薯淀粉生产线的成套引进，国内马铃薯淀粉生产工艺技术装备不断提升，对于马铃薯清洗先后采用了鼠笼式清洗机、滚筒式清洗机，能彻底清除马铃薯芽眼、表皮黏性泥土，提高了清洗效率和效果，同时节约了马铃薯清洗用水。大部分马铃薯淀粉加工企业，一般采用湿法输送马铃薯到清洗车间，水与马铃薯的混合物，经输送槽自流进入马铃薯清洗车间。小型加工企业也有设计干法输送马铃薯到清洗车间的，为了更好地除去石块、沙粒和铁，干法输送马铃薯到清洗车间后，需要增加配水罐，再加入输送水与马铃薯混合，然后再经配水罐底部的 U 形输送槽自流进入除铁、除石、马铃薯脱水、多次清洗马铃薯的工艺过程。如前所述，干法输送马铃薯仅适用于规模较小的生产线，而湿法输送马铃薯，更适合大规模生产线的选择。出于设备进出口特殊原因，使工艺设计过程有较多高低差别，以尽可能减少马铃薯直线跌落撞击，不损伤表皮为原则。所以设计马铃薯清洗工艺时，应该从马铃薯与水的混合物进入车间开始控制流速，马铃薯与水的混合物，通过钢制 U 形槽流速继续控制在 0.7～0.9m/s（平均取坡度 1.2%）。在通过除铁器、除石机过程，且不能有安装过程遗留焊接毛刺，减少马铃薯在流动过程的擦伤，以便除石机有效地工作。考虑到马铃薯储存期间失去水分、发芽等因素，便于马铃薯与输送水分离，马铃薯脱水格栅入口中心与滚筒式清洗机进料口中心线，一般需要23°～25°斜坡，形成高差2.15～2.18m的高度，为了防止脱水后马铃薯流速过快，在脱水格栅出口采用软线胶板进行拦截，同时在滚筒式清洗机进口倾斜封闭槽加入约30m³/h的输送清水，以缓冲马铃薯冲击撞伤。采用滚筒式清洗机，需要打磨筒体内遗留焊接毛刺，且在该机出料口的接收输送槽底部安装橡胶板，以减轻马铃薯跌落撞击，同时在第二级清洗机出料提斗（畚斗）与脱水格栅垂直跌落点安装线胶板，以减轻马铃薯跌落撞伤。

（二）马铃薯清洗工艺

水与马铃薯混合物料经除铁器、除石机自流到倾斜坡的脱水格栅，分离马铃薯与输送水。经除石机去除的沙粒、石块由除石机皮带输送到车间外，再经方形管自流落入地面手推车。马铃薯自流到脱水格栅前端的封闭式斜管内，再加入输送水处理站清洗泵送来的清水40m³/h，马铃薯与水混合物料，经封闭式斜管自流进入第一级滚筒式清洗机，使马铃薯相互摩擦清洗。输送水经脱水格栅自流到车间排水地沟，自流进入循环输送水处理站。经第一级清洗机使用过40m³/h的清洗废水，经清洗机集沙箱底部阀门调整水位后自流到车间内排水地沟，与输送水汇集后自流到车间外循环输送水处理站。而马铃薯由清洗机提斗（畚斗）提起落入方形输送槽内，再加入18.5m³/h的生活用水，再加循环水处理站清洗泵送来的20m³/h清水与马铃薯混合，再经方形槽自流到第二级滚筒式清洗机，使马铃薯再次相互摩擦清洗。清洗马铃薯的废水，经第二级清洗机集沙箱底部阀门调整水位后自流到车间内排水地沟与输送水汇集（或者经渣浆管道泵输送到第一级清洗机再使用）。马铃薯清洗工艺流程如图5-7所示。而马铃薯由第二级清洗机提斗（畚斗）提起落入脱水格栅二次脱水，使脱水后马铃薯自流到带喷淋的网带式平板输送机，再加入5～8m³/h的生活用水，经喷淋头冲洗输送过程中的马铃薯表面游离水，然后再输送进入斗提升机（或者“人”字形倾斜皮带输送机）进口，由斗式提升机（或者“人”字形倾斜皮带输送机）输送到高位置。而网带式输送机上部喷淋冲洗水和第二级滚筒式清洗机排出的清洗废水排入车间地沟，自流进入循环水处理站，多余的输送水最终排入污水处理站处理后再排放。

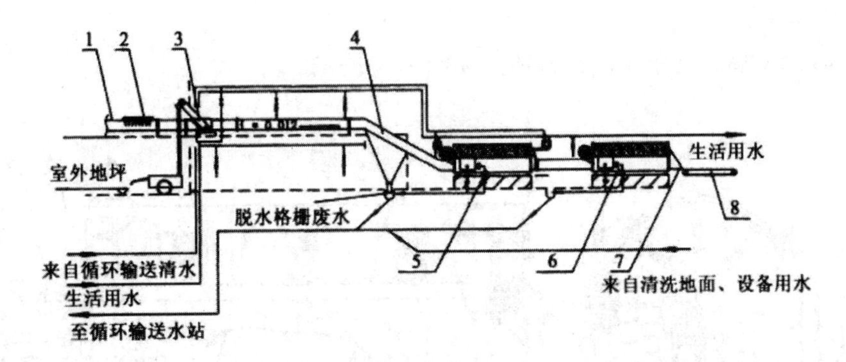

1—U 形输送槽；2—人工除草钩；3—除石机；4—脱水格栅；

5—第一级清洗机；6—第二级清洗机；7—二次脱水格栅；

8—喷淋式不锈钢网带输送机

图 5-7 马铃薯清洗工艺图

（三）马铃薯清洗主要设备

1. 滚筒式清洗机

北京瑞德华淀粉技术工程服务有限公司生产的 TR-60 型滚筒式清洗机、中国农业机械研究院生产的 WQ-60 型滚筒式清洗机、郑州精华实业有限公司生产的 QS-60 型滚筒式清洗机，都属于马铃薯淀粉生产过程中的通用清洗设备。该类设备设计用途是为马铃薯、红薯、芭蕉芋提供专用清洗设备。与 20 世纪 80 年代我国生产的桨叶式洗薯机比较，工作效率提高了 57%。该类清洗机的优点：处理量大、清洗效果好、运行稳定、噪声小。该机一般配装布鲁克汉森 SK3 系列螺旋锥形齿轮减速机或常州江浪减速机厂同一型号减速机，并采用变频控制启动和停止，使滚筒转速可以调整。国内的几家制造商可根据生产量为 45～65t/h来制造。

（1）工作原理

清洗机滚筒内有向前推料桨叶板，滚筒外设有螺旋形向后推泥沙板。马铃薯与水的混合物经倾斜封闭管自流进入该机的滚筒内。马铃薯浸泡在水中，马铃薯在滚筒连续转动下，马铃薯相互摩擦，在推料板的推动下，马铃薯从后端进料口方向移动至前端出料口方向，而马铃薯由畚斗提起抛至机外的输送槽或机外再次脱水，以达到清洗的目的。而泥沙从滚筒的 10mm×25mm 腰子孔流到滚筒外，通过滚筒外螺旋板从前端出料口方向以螺旋形推到后端进料口方向的集沙箱，再由阀门控制，通过管道排出机外。

（2）组成结构

WQ-60 型滚筒式清洗机结构及原理如图 5-8 所示。

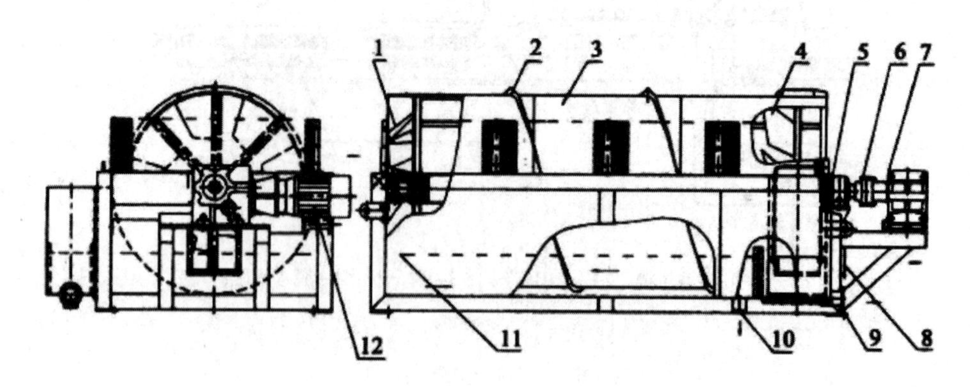

1—出料畚斗；2—外螺旋刮板；3—滚筒；4—桨叶板；5—轴承座；

6—联轴器；7—减速机；8—进料口；

9—泥沙排出口；10—污水排出口；11—液位线；12—电动机

图 5-8　WQ-60 型滚筒式清洗机原理图

2. 带喷淋装置的不锈钢网带平板式输送机

S100/4500 型不锈钢网带平板式输送机，属于非标设备，工艺设计提出条件后，国内制造输送设备的厂家都能制造，该设备主要是对较松散的物料，在输送过程中完成喷淋清洗。马铃薯在输送过程中需要再次喷淋清洗表皮游离水，降低马铃薯破碎前细菌滋生，确保马铃薯破碎前更干净，防止污染。

S100/4500 型不锈钢网带平板式输送机主要由机架、主动滚筒、被动滚筒、连接法兰、减速机、轴承座、轴承、不锈钢网带、挡板、喷淋装置、集水槽等机件组成。

20 世纪 90 年代建设的马铃薯淀粉加工企业大部分没有配套此设备，随着市场的变化和人们生活水平的提高，食品安全问题已成为人们关注的焦点，马铃薯淀粉加工企业也不例外。企业在生产过程中对各个环节都很重视，增加一台最后喷淋再次清洗马铃薯表面游离水设备投资不到 3 万元，就能起到降低马铃薯破碎前细菌滋生的作用。

第二节　马铃薯计量与锉磨工艺及设备

一、马铃薯计量工艺及设备

（一）马铃薯计量基础知识

为保证淀粉生产线工艺的连续性和稳定性，被清洗马铃薯需要提升到约 7m 高的储存斗，然后经马铃薯输送、锉磨。在这个过程中需要配置计量秤，便于生产成本管理。马铃薯未破碎之前，在提升、输送、工艺过程要保持它的完整性，尽可能减少马铃薯破损，才能降低车间生产成本。因此，被清洗的马铃薯输送到高位置储存斗中心，如选择一台“人”字形平板式倾斜皮带输送机，还需要配套一台带喷淋平板式网带输送机，一台平板式皮带输送秤。其优点是：动力消耗小、输送量大，对马铃薯破损几乎为零。按提升高度 7m 计算，从第二级清洗机外边做起点，到马铃薯储存斗外边算终点，工艺需要“人”字形平板式倾斜皮带输送机的倾斜角度最大 22°，须占车间长约 20.80m，如倾斜角度超过 22°，会造成输送难度。缺点是：占地面积大，土建投资大。另外一种选择方法是，选择一台大倾角刮板式皮带输送机，输送马铃薯到储存斗中心。该设备以第二级清洗机脱水格栅为起点，它可以直接输送马铃薯到储存斗中心，能减少一台带喷淋平板式网带输送机，一台平板式皮带输送秤。其优点与“人”字形平板式倾斜皮带输送机相似。按提升高度 7m 计算，从第二级清洗机脱水格栅外边做起点，到马铃薯储存斗中心算终点，大倾角刮板式皮带输送机倾斜角度最大 30°，须占车间长约 16m，如倾斜角度超过 32°，会造成输送难度。缺点是：动力消耗相应较大，占地面积大，土建投资较大。而我国土地资源匮乏，为减少土建投资，大部分马铃薯淀粉生产企业，选用斗式提升机提升马铃薯到储存斗中心，还需要再配套一台带喷淋的平板网带输送机、一台平板式皮带输送秤。以第二级清洗机脱水格栅中心为起点，到马铃薯储存斗外边算终点，须占车间长约 4.6m。优点是：占地面积小，土建投资少。缺点是：动力消耗相应较大。但是选择斗式提升机对马铃薯多少还是有损伤，并且对斗式提升机制作工艺要有特殊要求。例如，输送皮带与壳体两侧活动间隙不得大于 30mm，壳体内壁 4 个面要求必须光滑，不得有任何毛刺和焊接点，更不得留有死角。畚斗下部要钻 8mm 漏水孔，畚斗上部边缘需要包橡胶处理。斗式提升机被动轮下裙部（底座）两侧要设计排水管，用来排泄马铃薯提升过程的游离水，也便于冲洗消毒，控制细菌滋生。对于马铃薯物料，提升速度不得大于 0.65m/s。斗式提升机电动机，最好采用变频器控制启动和停止，以减少马铃薯提升过程损伤，提高马铃薯淀粉回收率。

（二）马铃薯计量工艺

采用斗式提升机提升马铃薯到储存斗描述：经皮带输送机送来干净马铃薯，通过斗式提升机提升到二层楼面，如图 5-9 所示，通过方形管自流到平板皮带输送秤，在马铃薯输送过程中进行计量，且输送马铃薯到储斗的中心位置，待锉磨机磨碎。计量数据传送到中心控制室的电脑，以记录当天的生产成本。

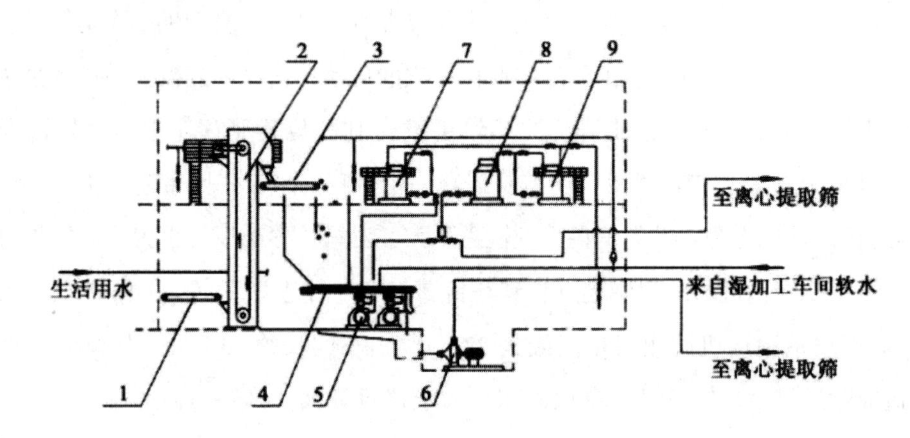

1—带喷淋清洗装置的平板输送机；2—斗式提升机；3—平板式输送秤；
4—调速喂料螺旋输送机；5—锉磨机；6—离心调压泵；7—PIC 试剂罐；
8—亚硫酸溶液罐；9—亚硫酸制备罐

图 5-9　马铃薯提升储存工艺图

（三）马铃薯计量设备

1. 斗式提升机

采用斗式提升机输送马铃薯，主要是考虑到能减少土建投资，布局紧凑，但它并不是最理想的输送设备（大部分工厂采用斗式提升机输送马铃薯）。对于 30t/h 马铃薯淀粉生产线，可根据加工量选用 TD 系列斗式提升机。

（1）结构组成

TD/630 型斗式提升机的头部为主动部分：含主轴、主动轮、减速机、电动机、轴承、轴承座、传动链条或传动三角皮带、反转自锁装置等。中间壳体部分由连接法兰、检修门、密封垫、输送皮带、锁扣、连接螺栓、自锁螺母、畚斗等主要机件组成。尾部由被动轴、底座主骨架、轴承、轴承座及调整皮带装置、被动轮、检修门、排水管、连接法兰、密封垫等组成。

（2）工作原理

斗式提升机上部安装动力机组，由电动机驱动，通过减速机输出强劲动力带动主动轮，然后通过皮带把主动轮和被动轮相互连接，从上到下、连续循环运动。传动皮带每隔500mm距离安装一个畚斗，在斗式提升机运转时，被输送物料从斗式提升机进料口进入时，被畚斗直线提到斗式提升机上部出料口抛出机外，进入下道工序。

对于30t/h或更大的马铃薯淀粉生产线，工作原理是相同的。TD/630型斗式提升机是根据马铃薯比重、特性改装而成的，如图5-10所示，对马铃薯输送过程破损较少，适应30～60t/h马铃薯淀粉生产线选配。

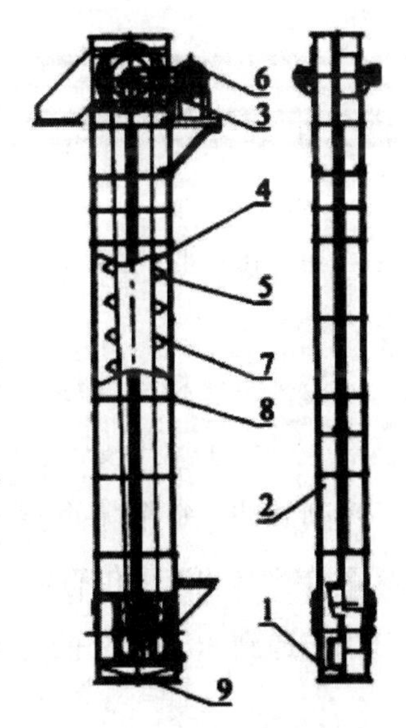

1—机尾被动轴及检修孔；2—壳体；3—机头主动部分及轴承座；

4—输送皮带；5—壳体；6—电机及减速机；7—畚斗；8—连接法兰；9—出水口及底座

图5-10　TD/630型斗式提升机

2. 平板式皮带输送秤

平板式皮带输送秤简称皮带输送秤，工艺设计提出条件，国内生产皮带输送秤的工厂能按要求完成制造。平板式皮带输送秤，是针对较松散物料的。在输送过程中计量，计量数据通过有线信号输出到距离30m以外的电脑中。平板式皮带输送秤可在输送过程中计量，也可将马铃薯输送到储存斗中心位置。实际马铃薯输送到储存斗中心，有两种方案可供采纳：第一种是，在输送过程计量，同时输送马铃薯到储存斗中心；第二种是，选择带喷淋装置的往复式平筛，输送马铃薯到储存斗中心。这种配置不计量，可以多清洗一次马铃薯表皮的游离水。对产品质量提高有一定作用。PT-1000 型计量平板皮带输送机如图 5-11 所示，可供给 30～60t/h 马铃薯淀粉生产做配套。该设备可按照工艺布置条件确定输送量、计量装置及型号。

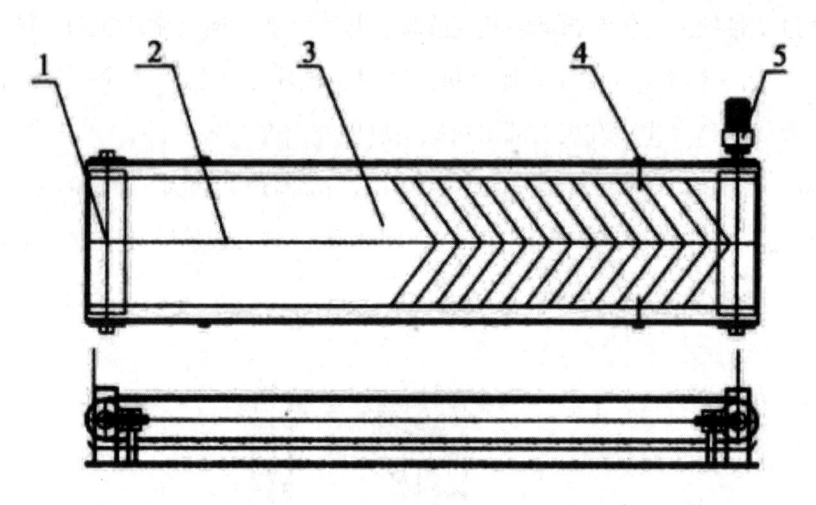

1—被动轮；2—进料区；3—输送皮带；4—计量反应器；5—减速机及电机

图 5-11　PT-1000 型计量平板皮带输送机

（1）工作原理

称重桥架安装在输送机架上，当称重物料经过时，计量托辊检测到皮带机上的物料重量通过杠杆作用，于称重传感器产生一个正比于皮带载荷的电压信号。速度传感器直接连接在大直径测速滚筒上，提供一系列脉冲，每个脉冲表示一个皮带运动单元，脉冲的频率正比于皮带速度。称重仪表从称重传感器和速度传感器接收信号，通过积分运算得出一个瞬时流量值和累积重量值，并分别传递到 30m 以外的电脑显示。

（2）结构组成

PT-1000 型皮带输送主要由机架、称重桥架、主动滚筒、被动滚筒、连接法兰、电动机及减速机、轴承座、轴承、输送皮带、计量装置、称重传感器、速度传感器、电脑传送器、电脑等组件组成。

二、马铃薯锉磨工艺及设备

（一）马铃薯刨丝锉磨基础知识

马铃薯磨碎的目的，是将块茎细胞壁尽可能地全部破裂，并从中释放出淀粉颗粒。在破碎马铃薯细胞释放出淀粉颗粒、纤维、可溶性物质时得到一种混合物，这种混合物是由破裂和未破裂的植物细胞、细胞液汁及淀粉颗粒组成，这种混合物称为马铃薯浆料。马铃薯浆料中残留在未破裂细胞壁中的淀粉，在生产中是无法提取的，与渣滓一起排出，这种淀粉称为结合淀粉，如图 5-12 所示。释放在细胞壁以外的淀粉，称游离淀粉。马铃薯磨碎系数取决于锉磨机性能，马铃薯磨碎效果用磨碎系数表示，它表明从细胞壁中释放出可提取淀粉颗粒的程度。磨碎系数用游离淀粉与洗净的马铃薯或磨碎的浆料中的全部淀粉之比来确定。

马铃薯磨碎系数的高低，在很大程度上决定了淀粉的提取率、生产量、产出比。一般在设计马铃薯淀粉与纤维分离、粗淀粉乳旋流洗涤工艺配置时，把锉磨机破碎系数定位在98%，马铃薯磨碎系数如果低于98%或者更低，则会使细胞壁破坏不彻底，使细胞壁结合淀粉不能游离出来，在淀粉与纤维分离过程中，淀粉颗粒仍残留在未破裂的细胞中，则会降低游离淀粉颗粒提取。如果磨碎系数过高，淀粉与纤维分离的离心分离筛安装的筛板孔径目数就得缩小，又会降低生产能力，否则粗淀粉乳液中细纤维会增加，使粗淀粉乳旋流洗涤再增加旋流器的配置级数。

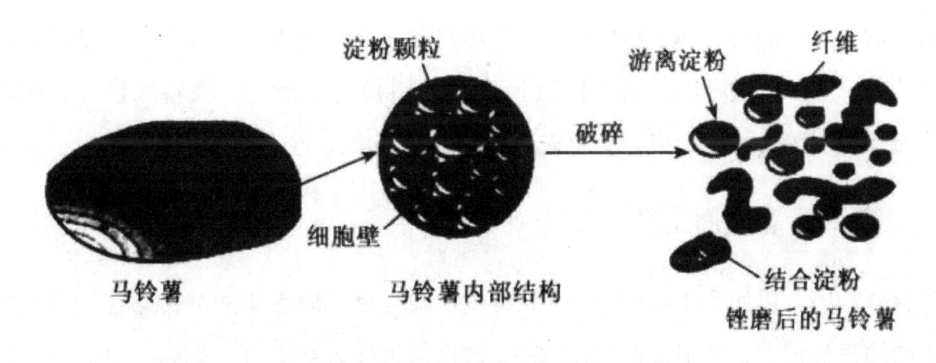

图 5-12　马铃薯被破碎后的浆料

马铃薯块茎被磨碎时，细胞壁被破坏释放出淀粉颗粒，同时也释放出细胞液汁。细胞液汁中含有溶于水的蛋白质（包括酶和其他含氮物质）、糖物质、果胶物质、酸物质、矿物质、维生素及其他物质的混合物。除此之外，细胞液中含有糖苷，它属于龙葵苷，在生产过程会形成稳定的泡沫。天然细胞液含有 4.5%～7.0%的干物质，这些物质占马铃薯总干物质重量的 20%左右。马铃薯块茎被锉磨成浆料后，应在最短的时间里分离出细胞液。因为马铃薯块茎细胞中的氢氰酸释放出来后，与铁接触，反应生成亚铁氰化物（呈淡蓝色）。此外，细胞中氧化酶释放出后，与空气中的氧气接触，导致组成细胞的一些物质很快会被氧化，使马铃薯浆料在短时间内变成浅褐色，导致淀粉色泽发暗，降低淀粉质量。

为了防止马铃薯破碎后与空气接触氧化，在马铃薯磨碎的同时加入亚硫酸溶液，以此遏制氧化酶的作用。同时加入工艺水稀释，使马铃薯块茎被锉磨的浆料改变颜色。因此，应在马铃薯块茎被磨碎后工艺设备（包括管道及法兰）与物料接触部位采用304不锈钢材质或耐酸316不锈钢钢材制成。

20世纪80年代初，我国马铃薯淀粉加工行业，对马铃薯破碎普遍采用破碎机（锤片式和爪子式）和沙盘磨。20世纪80年代中期，随着生产力的发展，我国西部咸阳某厂采用碳钢钢材制造出10t/h薯类锉磨机，该设备采用皮带传动，转速为800r/min，刀片（锯条）采用65Mn碳钢制造，单面锯齿，在当时的历史背景下，深受马铃薯淀粉加工行业的青睐。到20世纪90年代中期，我国西部先后从波兰、荷兰引进直联传动和皮带传动400～500型高效薯类锉磨机。随着社会进步和经济发展，我国马铃薯淀粉加工工艺不断完善，工艺技术装备向自动化控制迈进的同时，由呼和浩特市和郑州市先后制造出皮带传动薯类300型和500型高效锉磨机，转速2100r/min，离心力1727.8N，可加工马铃薯15～30t/h不等。且提高了机械加工精度，使转子的锯齿尖与锉刀间隙可以调整到1.8～2.0mm范围。该机各部位采用了304和316耐酸不锈钢钢材制造（包括机座）。到目前为止，国内外制造的300～500型高效锉磨机，属于薯类淀粉行业理想破碎设备。围绕现代高效锉磨机的性能，在工艺过程中，需要配置锉磨机进料口闸板滑阀、浆料除铁器、浆料输送泵、旋流除沙机等，才能形成一个更先进的马铃薯锉磨工艺。

（二）马铃薯锉磨工艺

马铃薯锉磨，以加工30t/h马铃薯原料生产线为例，储存斗的马铃薯在调速喂料螺旋输送机的输送过程中，经闸板滑阀以30t/h输送量被喂入锉磨机壳体内，将马铃薯在拉丝的瞬间进行磨碎（一台工作、一台待命）。被磨碎的纯马铃薯浆料，体积为37.50～40.0mm^3/h（纯马铃薯浆料重量0.75～0.80t/m^3，根据马铃薯淀粉含量16%测算）。而马铃薯浆料需要加入来自旋流洗涤、淀粉乳脱水工艺水7.78～8.5mm^3/h进行浆料稀释。被稀释的马铃薯浆料在斜槽自流过程中，除去铁屑和锯齿尖，再沿斜槽自流进入集料池子。浆料经离心泵或单杆螺旋泵输送到旋流除沙器进行除沙。在这个时间段，被稀释马铃薯浆料45.28～48.50m^3/h，进入旋流除沙器进行除沙（物料进口压力控制在0.25～0.30MPa）。被除沙粒经集沙罐底部两级自动控制蝶阀，定时按次序排放到准备好的容器内，然后再统一处理。经过除沙的浆料依靠压力，再进入四级淀粉与纤维分离单元的离心筛，进行逐级洗涤分离淀粉与纤维。同时，在锉磨机底部斜槽或浆料输送泵入口处，加入浓度为7.5%的亚硫酸溶液，以防止马铃薯浆料与空气接触氧化变色，同时促使淀粉颗粒与细胞壁快速分离及杀菌。

（三）马铃薯锉磨设备

1. 500型高效锉磨机结构组成

500型高效锉磨机配套电动机功率，一般都在160～200 kW不等，它的主要结构如图5-13所示。在用户选择工艺设计配套时，设备制造商是根据用户原料种类及特性配套电机功率的。加工30t/h马铃薯原料，配套160kW电动机已能满足生产需要。加工30t/h红薯原料、木薯原料，须配套200 kW电动机，因为它的纤维较长，且韧性好。如果用户加工35t/h马铃薯原料，须配套200 kW电动机才能满足生产。

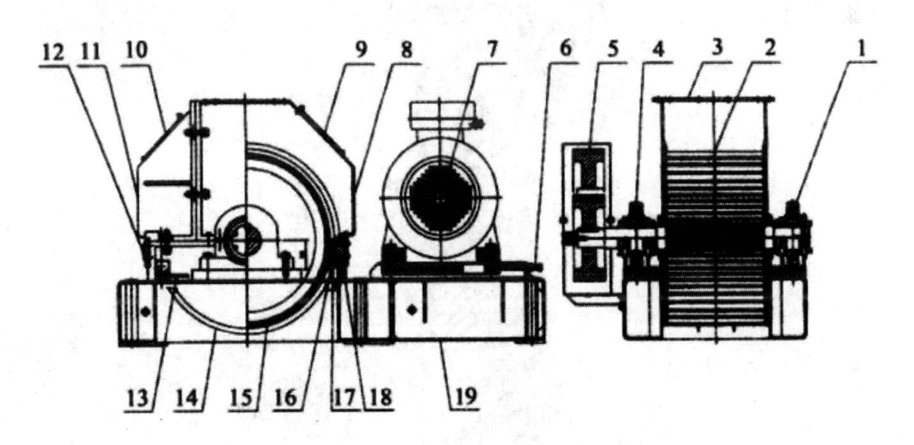

1—轴承座及轴承；2—带刀槽的转子；3—进料连接法兰；
4—主动轴承座及轴承；5—电机皮带轮；6—皮带调整螺栓；
7—电动机；8—主壳体；9 —后故障排出孔；10—前故障排出孔；
11—检修前壳体；12—前锉刀头及调整压板；13—筛板压紧手柄；
14—带孔的筛板；15—转子夹持条槽；16—筛板轨道槽；
17—后墙刀；18—调整压板；19—锉磨机机座

图5-13 500型高效锉磨机结构

2. 500型高效锉磨机工作原理

锉磨机转子在电动机皮带的驱动下，转子转速达到2100r/min，产生离心力，刀片组件在离心力1727.8N作用下，将安装有刀片（锯条）的夹持条组件从槽内向外甩出，卡紧在转子内槽斜面固定。同时刀片的齿尖也高出转子表面3mm，锉刀与转子表面间距

4.8～5.0mm，刀片齿尖与锉刀之间的间隙调整为经调速喂料螺旋输送机送来的马铃薯自流喂入锉磨机壳体内，由装有刀片的转子将马铃薯带入前端狭小区域与锉刀接触进行刨丝，简称刨丝过程。被拉成丝的浆料由转子带入锉刀下部，在转子与栅孔板之间进行再次磨碎，并且将颗粒状细胞壁磨碎到0.05～1.5mm的细小粒径。使细胞壁尽可能地破裂，释放出淀粉颗粒。锉磨机原理如图5-14所示，磨碎后的浆料通过栅孔板（1.5mm×2.0mm）的孔径自流到锉磨机下部带有坡度的溜槽，再自流到浆料池，没有通过栅孔板大于2.0mm以上的片状物、块状物，由装有刀片的转子带到转子后端与锉刀接触继续磨碎，最终磨碎达到能通过栅孔板孔径为止。这时马铃薯细胞壁基本破裂，淀粉颗粒被释放出来。

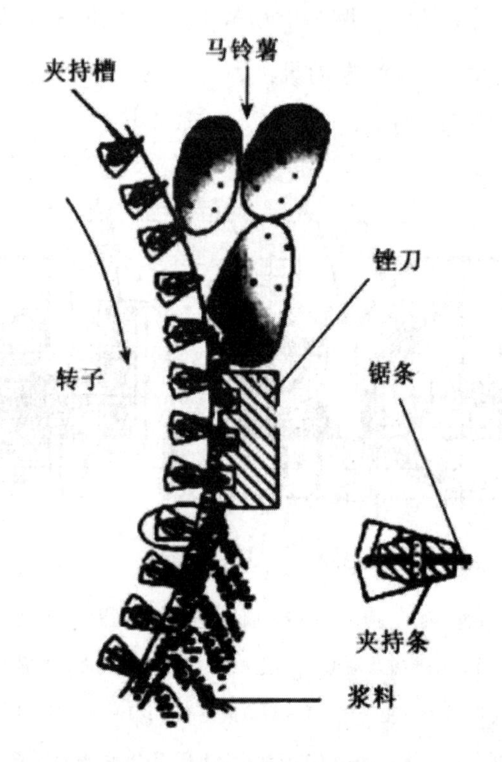

图5-14　马铃薯锉磨机原理

3. 锉磨机对刀片的技术要求

马铃薯磨碎系数高低，取决于马铃薯的新鲜程度，同时也与刀片（锯条）质量有着直接关系，一般进口刀片采用T8型钢材制造（美国代号1074），它的韧性较好。国内目前一般采用65Mn钢材制造，但都是经过热处理的，硬度一般以45°～47°为宜，锯条齿面高低最好均匀一致。一般500型锉磨机所配的刀片厚度为1.25mm、宽度21mm、长度500mm，要求牙尖长3.8～4.0mm较好。但制造商制作有一定的难度。牙齿总数尽可能要求控制在 320 340 个为宜。定位销孔距为 100mm×300mm×100mm，孔径 5mm，从生产工艺上讲，一般要求转子下部栅孔板最适宜孔径为宽 1.5mm×长 2mm 的长方形截面。被磨碎浆料粒径大于 2.0mm 是不能通过栅孔的，它还需要继续磨碎，所以磨碎系数才会提高。马铃薯物料喂入锉磨机，要杜绝金属件、木块、石块、橡胶块等杂物混入原料进入锉磨机内，这些外来杂物进入锉磨机一次性损伤锉磨机锯条 120 根，同时也损伤刀头及转子表面。因此，清洗工段，杜绝金属件、木块、石块等混入原料进入锉磨机，才能保证锉磨系数的提高。一般来说，破碎系数达到 98%以上，淀粉提取率才能达到 92%～95%。

第三节　马铃薯淀粉与纤维分离工艺及设备

一、淀粉与纤维分离基础知识

为了获取高品质商品淀粉，马铃薯被破碎后的浆料，需要用最短的时间完成淀粉与纤维分离，并且在淀粉乳液中尽快分离出细胞液汁水。从马铃薯破碎后到淀粉与纤维分离、粗淀粉乳旋流洗涤、浓缩、提纯，淀粉乳脱水、湿淀粉干燥，需要完成的时间越短越好，有利于提高黏度、白度、光泽度。从理论上讲，马铃薯被破碎成浆料，停留时间过长，使其与空气中氧接触后，会使马铃薯浆料中一些物质发生反应，造成氧化变色，尤其是浆料中龙葵素更为严重。在欧洲的 KMC、艾维贝等大型马铃薯原淀粉加工企业，从马铃薯被锉磨成浆料和淀粉与纤维分离不得超过 5min，粗淀粉乳液洗涤、浓缩、回收、提纯不得超过 10min。纯净淀粉乳、储存罐、淀粉乳液脱水不得超过 15min，湿淀粉输送—淀粉干燥不得超过 2min（其中干燥占 0.2min），累计控制在 30～35min（指开始生产到产品稳定的过程时间）。否则会对产品黏度、白度及光泽产生一定的影响。

马铃薯淀粉与纤维洗涤分离：淀粉与纤维四级洗涤分离的第一、第二、第三级为淀粉洗涤分离筛，第四级为薯渣脱水筛。工艺配置前三级离心分离筛，要把马铃薯浆料中游离淀粉尽可能地全部洗涤分离出来，第四级离心分离筛只能起最后把关和脱水作用。为了有效利用这三级离心分离筛，从浆料中洗涤分离全部游离淀粉，首先要确保洗涤水喷嘴压力能控制在 0.10～0.12MPa，因为工艺洗涤水压力太低会影响分离效果，压力太高会造成电机过载发热。其次，喷嘴安装角度也重要，喷嘴安装倾斜角 45°较好。倾斜角度应按照筛篮旋转相反方向倾斜安装，浆料在筛面上才能形成切线，有利于游离淀粉颗粒通过筛板孔。为了保证淀粉与纤维分离系统内工艺平衡，计算洗涤水流量时，1000 型和 850 型离心分离筛常用喷嘴分别为：前三级离心分离筛选装 1 号喷嘴，流量为 $0.72m^3/h×48$ 个 = $34.56m^3/h$，喷射角度 90°。后四级离心分离筛（薯渣脱水机）和细纤维离心分离筛，一般选装 2 号喷嘴，流量为 $0.45m^3/h×48$ 个 = $21.6m^3/h$，喷射角度为 72°。对于第四级离心分离筛的转速最好提高到 1450r/min。洗涤工艺水最好采用去离子软水，并且要求喷嘴出口压力不得低于 0.25MPa。对于离心分离筛配装的板式筛网（编织筛网）焊接也很重要，错误焊接会造成纤维堵塞筛板孔径，同时会降低淀粉与纤维分离效果。目前国内外设备制造商提供的 1000 型和 850 型离心分离筛，一般都采用板式筛网（常用离心筛板式筛网孔径为 125μm），并且板式筛网有正反面之分。在焊接板式筛网时，正面放在筛篮外边（浆料接触面）。筛板反面贴在筛篮内壁进行焊接。板式筛网焊接对接方法为：以筛篮的旋转方向，上层边压下层边 8～10mm 焊接为宜。因板式筛网属锥形孔，它的大截面为出料面，锥形孔小截面为进料面。筛篮高速旋转时，错误焊接板式筛网，会造成物料在筛面上的切线阻力，易撕破板式筛网，且造成离心分离篮有间断性的抖动。

离心分离筛串联逆流式生产，是 20 世纪 90 年代后期我国从荷兰引进，目前国内制造的离心分离筛规格、工艺连接方法、配置的纤维输送泵、消泡沫淀粉乳液泵生产能力、流量及其他参数与进口离心分离筛基本相同。

二、淀粉与纤维分离工艺

30t/h 马铃薯原料的淀粉生产线，被锉磨的马铃薯浆料为 $37.50～40.00m^3/h$（马铃薯块茎均匀来确定），加入来自旋流洗涤、淀粉乳脱水的工艺水 $7.78～8.50m^3/h$ 进行稀释被锉磨的马铃薯浆料，被稀释的浆料控制在 $43.28～48.50m^3/h$，在自流过程中除去铁屑。然后在浆料池或输送泵的入口加入酸度为 4.5% 的亚硫酸溶液 $0.18m^3/h$。被稀释的马铃薯浆料经调压离心泵输送到旋流除沙器，除去沙粒，进料压力控制在 0.25～0.30MPa，而沙粒经两级自动控制阀门，排放到车间地沟或其他容器。除沙后的马铃薯浆料，再进入淀粉与纤维分离的第一级离心分离筛，洗涤分离淀粉和纤维。

第一级离心分离筛浆料进入压力控制在 0.08～0.10MPa，洗涤水流量控制在 $34.5m^3/h$（1 号喷嘴 $48×0.72m^3/h=34.56\ m^3/h$），工作压力为 0.10～0.12MPa。筛下物淀粉乳液，经消沫离心泵输送到中间离心泵，再经中间离心泵输送到旋流除沙器进行第二次除沙。除沙后的粗淀粉乳液依靠压力进入 18 级旋流洗涤单元进行逐级洗涤、浓缩、回收、提纯。含有淀粉的浆料经离心分离筛下部分的纤维泵输送到第二级离心分离筛进行淀粉与纤维的洗涤分离。

第二级离心分离筛浆料进入压力控制在0.08～0.10MPa，喷射洗涤水流量控制在34.5m^3/h（1号喷嘴48×0.72m^3/h＝34.56 m^3/h），工作压力为0.10～0.12MPa。被离心分离筛分离的筛上物纤维，经纤维泵输送到第三级离心分离筛进行淀粉与纤维的洗涤分离。而筛下物淀粉乳被消沫离心泵输送到第一级离心分离筛作工艺喷射洗涤用水。

第三级离心分离筛浆料进入压力控制在0.08～0.10MPa，洗涤水流量控制在34.5m^3/h（1号喷嘴48×0.72m^3/h＝34.56 m^3/h），工作压力为0.10～0.12MPa。被离心分离筛分离的筛上物纤维，经纤维泵输送到第四级离心分离筛（废浆脱水机），进行淀粉与纤维的洗涤和脱水，而筛下物淀粉乳被消沫离心泵输送到第二级离心分离筛做工艺喷射洗涤用水。

经第四级离心分离筛（废浆脱水机）进行淀粉与纤维的最后一次洗涤和脱水，进料压力控制在0.05～0.10MPa，喷射洗涤水流量控制在21.6m^3/h（2号喷嘴48×0.4m^3/h），洗涤水压力控制在0.18～0.20MPa，而筛上物薯渣含水分为88%～90%（渣滓），被单杆螺旋泵或螺旋输送机输送到薯渣脱水车间的储存罐，再经单杆螺旋泵输送到卧式螺旋沉降离心机或多头带式压滤机进行薯渣二次脱水，脱水后湿薯渣含水分为70%～78%，将薯渣的pH值调整到4.5～5.0，再用封闭式皮带输送机输送到薯渣堆场进行自然发酵（气温在8～15℃进行发酵效果更好），在薯渣输送过程中添加AM菌种堆放一周，发酵后的薯渣变成一种很好的牲畜菌体饲料。经第四级离心分离筛（废浆脱水机）分离的筛下物稀液被消沫离心泵输送到第三级离心分离筛做工艺喷射洗涤用水。

在淀粉与纤维分离的第一级、第二级、第三级离心分离筛工艺中，洗涤喷射水压力保持在0.10～0.12MPa。每台离心分离筛的CIP反冲洗时间，可调整为每隔30～40min自动冲洗一次，要求反冲水工作压力在3.5～4.0MPa。

三、淀粉与纤维分离设备

（一）离心分离筛

1. 离心分离筛结构组成

离心分离筛主要由主轴、密封、外壳体、锥体筛篮、电动机、板式筛网、工艺水箱

(或喷射水分配管)、分料盘、进料管、进料压力调整杆、喷嘴、自动反冲洗装置、“V”形皮带及带轮、轴承及支承座、纤维出口法兰、乳液出口法兰、底座、压力表、工艺管道及阀门等组件组成。离心分离筛下裙部制作了纤维浆料收集箱，纤维泵螺旋可叉入下裙部收集箱壁安装，右侧设有筛下物液体出料口，与消沫离心泵的进口相连接。每台离心分离筛配装一台纤维泵和一台带有消沫功能的离心泵。

2. 离心分离筛工作原理

离心分离筛筛篮为锥形结构，筛篮的正面焊接板式筛网，当电机驱动筛篮高速转动时，产生离心力，马铃薯浆料经调整进料压力后，通过离心分离筛进料管进入分料盘，将马铃薯浆料均匀地分布在筛网表面，使高速转动的筛网表面的浆料形成复杂的曲线和切线运动，浆料从筛篮锥体的小端移向锥体的大端。工艺喷射洗涤水从喷嘴喷出，形成扇形喷向筛网浆料中，尽可能地实现淀粉与纤维的分离。大量的淀粉颗粒随洗涤水、细胞液水及可溶性物质通过筛网孔径自流到乳液收集箱，再经消沫离心泵输送到下一道工序，完成一级功能淀粉与纤维洗涤分离。含有少量淀粉的纤维浆（渣滓）沿着筛篮大截面的出口甩出，自流到下裙部收集箱，再通过纤维泵输送到下一个级别的离心分离筛，再次洗涤分离淀粉与纤维。为了使淀粉与纤维达到更好的分离效果，锥体筛篮的背面安装了 CIP 自动反冲洗筛网的喷嘴，每隔 30～40min 自动反冲洗一次，以保证筛网孔径畅通。

（二）消沫离心泵

1. 结构组成

消沫离心泵由泵壳、电机、联轴器、轴承箱、主轴、机械密封、带破泡板的筒式叶轮、开式叶轮、不锈钢底座等组件组成。液体流道均采用特种不锈钢制造，耐碱、耐酸。

2. 工作原理

消沫离心泵是 20 世纪 90 年代末从荷兰、瑞典随马铃薯淀粉生产线配套引入我国。消沫离心泵与普通离心泵有很大的差别，消沫离心泵是在一个壳体内，由中间隔板分为两个蜗壳体。由一根同轴驱动一个带破泡叶片的筒式叶轮和一个开式叶轮，输送两种不同性质的介质。筒式叶轮用于破泡沫及输送，开式叶轮用于输送液体。它的蜗壳体和两个不同结构的叶轮，一般采用特种不锈钢制造，耐酸、耐碱。当电动机驱动泵轴和两个不同结构的叶轮做高速圆周运动时，液体被吸入筒式叶轮中心，在离心力作用下，由筒式叶轮的破泡板将液体中气泡打碎甩向筒的内壁，形成气液圆环，向叶轮一侧出口抛出。此时，筒式叶轮中心产生低压，与吸入液体面的压力形成压力差，从泵的出口获得压力能和速度能。当液体经中间隔板通道继续被吸入开式叶轮蜗壳中心到出口时，叶轮中心同时产生低压，与筒内液体形成压力差，当液体经开式叶轮中心抛向出口时，开式叶轮内液体速度能又转化为压力能，两个叶轮同方向连续转动时，液体连续被吸入，使液体连续从泵的出口抛出，带有空气的液体从另外一个出口抛出，以达到输送液体及破碎泡沫的目的。

（三）纤维离心泵

1. 结构组成

纤维离心泵主要由不锈钢支脚、电机及主轴、机械密封、轴承、开式叶轮、喂料小螺旋、电动机及防水罩、连体法兰、密封胶圈、泵壳体等组件组成。液体流道均采用特种不锈钢制造，耐碱、耐酸。

2. 工作原理

纤维离心泵，也称带喂料螺旋的渣浆泵，是从荷兰、瑞典随马铃薯淀粉生产线配套引入我国。它是离心筛做配套的专用纤维浆料输送泵，它在开式叶轮前端设计了一个小喂料螺旋固定在叶轮前，当叶轮转动时，小螺旋可将纤维浆料输入叶轮的蜗壳体，且不受气阻影响。纤维离心泵由一根不锈钢电动机同轴带动开式叶轮和喂料小螺旋同方向转动，喂料小螺旋可叉入离心分离筛下裙部的集料箱安装，当电机驱动叶轮转动时，小螺旋将物料输入叶轮的蜗壳体，再经开式叶轮输出泵体外。它的蜗壳体、叶轮、电动机轴一般采用耐碱、耐酸不锈钢制造。在电动机的直连驱动下，由喂料小螺旋将纤维浆料输送进入泵体叶轮蜗壳室做圆周运动，在离心力作用下，浓浆料从叶轮中心向外周抛出，从叶轮获得压力能和速度能。当物料进入叶轮蜗壳中心到物料出口时速度能又转化为压力能。当物料被叶轮抛出时，叶轮中心产生低压，与吸入浆料面的压力形成压力差，泵的叶轮连续运转，物料连续被小螺旋输入叶轮蜗壳体，物料按一定的压力被连续抛出，以达到输送浓浆料的目的。

四、离心分离工艺操作流程

锉磨机启动空运转正常后，启动薯渣皮带输送机→启动第四级螺旋单杆泵→启动第四级消沫泵→启动第四级离心筛（废浆脱水机）→启动第三级纤维泵→启动第三级消沫泵→启动第三级离心筛→启动第二级纤维泵→启动第二级消沫泵→启动第二级离心筛→启动第一级纤维泵→启动第一级消沫泵→启动第一级离心筛→打开除沙机控制阀门→启动锉磨机下部单杆螺旋泵（自动调压离心泵）→启动锉磨机上部喂料螺旋输送机。停机时，按照启动相反方向进行。

第四节　马铃薯湿淀粉干燥工艺及设备

一、马铃薯湿淀粉干燥理论基础知识

纯净的马铃薯淀粉乳液经过机械脱水之后，俗称湿淀粉，湿淀粉水分含量一般在38%～41%。这些水分均匀地分布在淀粉颗粒的各个部位，但是，这种淀粉不能长期保存，显然不能作为商品出售，因此，只有采用干燥的方法去除这些水分，使之成为合格的商品淀粉。

湿淀粉干燥是由传热和传质两个过程组成。为了蒸发湿淀粉中所含的水分，必须供给淀粉颗粒内部水分蒸发所需要的热量。在干燥淀粉时通常采用把过滤后的空气通过铝翅片换热器加热至130～140℃作为热载体：湿淀粉通过螺旋输送喂料器、抛料器（俗称扬升器）将松散的湿淀粉抛进干燥机管内，与高速运动的热空气互相接触，在引风机的吸力作用下，而被加速上升。由于热空气与淀粉颗粒物料之间存在热推动力，干燥介质（热空气）将热能传递给湿淀粉颗粒的表面，再由颗粒表面传递到淀粉颗粒内部，这是一个热量传递的过程。与此同时，湿淀粉颗粒吸收热量，用来汽化其中所含的水分，使湿淀粉颗粒中水分扩散到表面，再由颗粒表面通过气膜扩散到热空气中去，并且不断地被气流带走，使淀粉物料含湿量不断下降，而热空气中水分含量不断地增加，这就是一个传质过程。

湿淀粉在干燥时，可分为三个阶段进行：一是热交换阶段，热空气和被干燥物料，湿淀粉之间进行热交换、淀粉颗粒内部的水分被加热向外扩散，而热空气则被冷却。二是汽化阶段，湿淀粉颗粒吸收了热空气中的热量，淀粉颗粒中的结合水分扩散到表面而汽化，而淀粉颗粒的水分随之降低，温度仍保持开始状态，空气中的水分含量相应地增加。三是扩散阶段，由于水分从淀粉颗粒表面汽化，而产生淀粉颗粒内部及表面温度的差异，故水分由淀粉颗粒中心向表面扩散而产生汽化。

汽化阶段是湿淀粉在干燥过程前期，即淀粉物料运动的加速段，此时淀粉颗粒与气流的相对速度最大，是整个干燥过程中传热、传质最为有效的干燥时间段，时间只有0.4s左右，可以达到整个干燥过程中所传热量的1/2～3/4。距湿淀粉物料进入点开始算起2～3m

段，淀粉颗粒加速已经达到气流速度的 80%左右。随着湿淀粉与热空气混合物加速段的过去，气体的体积因温度下降而减小，因此气体在干燥管内的速度在降低，与淀粉颗粒运动的相对速度也在降低，传热、传质也在逐渐变弱。再往后逐渐进入淀粉颗粒运动的等速段：淀粉颗粒运动速度与气流运动速度逐渐接近或相等。等到进入淀粉颗粒运动等速段时，此时传热、传质都很微弱，不应该再加以利用。这就是干燥机不设计等速段的理由。

在干燥后期，随着空气中水分含量增加，以及温度下降和体积减小等因素，设计此段必须注意的是此时以及以后的出口气体的温度不应低于露点，否则由于水分的析出，被干燥的淀粉物料因受潮而达不到干燥的目的。但是温度也不能太高，物料如果超过马铃薯淀粉糊化起始温度 56℃以上时，淀粉就有可能糊化而产生废品，而且还有可能损害淀粉颗粒外形而失去光泽和降低黏度。所以在设计与操作时，还要注意三个事项：一是上述所说的温度，一般进口热空气温度控制在 130～140℃，出口气体温度控制在 50～55℃为宜（指旋风分离的出口温度，而引风机出口温度在 41～42℃）。二是整个干燥时间，一般控制在1.0～2.1m/s，因淀粉属热敏性物料，干燥时间太长也可能影响质量（物料的热变性一般是温度和时间的函数）。三是要认真计算选择风速，一般为 14～24m/s，常选用 17～22 m/s。脉冲管 10～12m/s。风速太低，小块状的湿淀粉不能随风带走，易使块状物料表面受热糊化而损坏。但过高系统阻力增加太大，产品水分也不易控制。对于节能性马铃薯淀粉一级负压气流干燥机具体设计为：物料入口区 0～7m 段，一般为 17.5～18.5m/s，取 18.0m/s，所用时间为 0.4s。脉冲区（扩大管）7～13m 段，一般为 10～12m/s，取 12m/s，所用时间为 0.5s。上部干燥直管 13.0～22m 段，管径未变但是因温度降低气体容积减小，速度降为 14.5～15m/s，取 14.8m/s，所用干燥时间为 0.6s，顶部大弯管至小弯管区 22～33m 段，一般为 20～22m/s，取 22m/s，所用时间为 0.5s。整个干燥过程所用时间保持2.0 s比较适宜。

二、淀粉干燥均匀筛理包装工艺

（一）湿淀粉干燥工艺

脱水后湿淀粉水分含量在 38%～41%。经封闭式皮带输送机输送到方形管，自流到干燥工序的喂料斗，待搅拌器搅拌，湿淀粉经喂料螺旋输送机、抛料器（扬升器）输送到干燥管内与热空气混合，入口温度控制在 130～135℃，称进口温度。在引风机的吸入作用下，被热交换器加热的混合物在脉冲管内形成不规则的涡流向旋风分离器（沙克龙）运动，在运动过程中，淀粉颗粒表面受外部的热，淀粉颗粒中心的结合水分向外扩散而汽化。此时，热空气的温度下降，空气中水分含量增加，淀粉得到干燥。淀粉经旋风分离器与蜗壳器分离水蒸气。分离后的淀粉沿旋风分离器的大截面螺旋线旋转到小截面，并自流进入密封形螺旋输送机，由它再输送给关风的螺旋输送机或关风器，从关风螺旋输送机输出的干燥淀粉，则通过方形管自流进入一个有储存功能的均匀仓。被干燥商品淀粉水分控制在18.5%～19.5%。水蒸气经蜗壳器被引风机吸入再排入大气，此时间段进入引风机热空气入口温度在41～42℃，称出口温度（根据地区海拔确定）。

（二）干燥淀粉均匀工艺

生产期间的每次开机停机和马铃薯在储存期腐烂时，商品淀粉的白度、水分含量与正常生产时有一定的差异。设计均匀仓的目的，是采用回流的方式调整商品淀粉的水分、白度和其他控制指标，使淀粉各项指标达到规定范围后再进行筛理。均匀后淀粉由一台可调整输送量的杠杆螺旋输送机输送到斗式提升机的进口，再经斗式提升机提到干燥二楼的筛上螺旋输送机（斗式提升机的出料口与筛上螺旋输送机是相互连接的，可自流进入筛上螺旋输送机），然后再经筛上螺旋输送机滑动闸板阀调整后，分配给2～3台高方平筛或滚筒淀粉分离筛进行预糊化淀粉筛理。如果均匀后的淀粉白度、水分等指标还是达不到要求，可通过回料螺旋输送机输送进入均匀仓再次均匀。待各项指标达到标准后再进行筛理。

（三）淀粉筛理工艺

淀粉在干燥过程中，经常会出现脉冲区（扩大管）、大弯管、旋风分离器（沙克龙）粘贴淀粉被糊化，随着生产和空气中的温度变化会自动脱落，这些预糊化淀粉属片状物，因此，必须通过筛理来分离这些预糊化淀粉。经高方平筛分离的商品淀粉细度为100目（相当于150μm）筛通过率达99.90%，合格商品淀粉经筛下物螺旋输送机输送到成品仓暂时储存待包装。而经高方平筛分离出的预糊化片状物，经筛上物螺旋输送机输送到自流管，落入一楼包装后作为饲料出售。经过均匀混合、提升、输送、筛理后商品淀粉各项指标已稳定，同时淀粉温度下降到30～32℃时，已具备包装条件。

（四）淀粉包装工艺

成品仓底部安装有可调整输送量的杠杆给料螺旋输送机，将成品仓的淀粉输送到斗式提升机进口，由它提升到水平面以上4.9～5.5m高度，自流进入螺旋输送机，经螺旋输送机滑动闸板阀调整后，分别自流到第一台或第二台磁选机。淀粉在输送过程中除去铁屑和金属件，然后淀粉被转子式磁选机输送到包装机上部的锥形料斗。料斗内的淀粉自流进入自动包装机进行称重。对于自动称重的淀粉包装袋再经缝包后自动落入平板皮带输送机，这个过程需要打印生产日期、生产批号等，然后再进入自动报警金属检测仪进行检测。被检测合格的包装商品淀粉通过下一级平板皮带输送机输送到成品库码垛堆放。而被检测出含有金属物包装淀粉，检测仪会自动报警，此时可采用人工拖回车间做返工处理。

三、淀粉干燥、均容设备结构组成及原理

我国负压气流干燥设备生产厂家较多，以江苏宜兴为例，大约有 10 家工厂都生产各种气流干燥机机组，它们生产的一级负压气流干燥设备规格较多，从干燥淀粉 2t/h 到 15t/h 不等，大部分都是用在玉米淀粉行业。而真正用到马铃薯淀粉行业也是近几年发展起来的。由宜兴宜淀机械设备有限公司制造的新一代 DGZQ-3 系列负压气流干燥机机组、北京瑞德华生产的 TFD 系列负压气流干燥机组、内蒙古博思达生产的 FD 系列负压气流干燥机组、郑州精华生产的 DGZQ 系列负压气流干燥机，都属于新二代产品，它们的工作原理都相同，仅在工艺流程和脉冲管（扩大管）做了不同的调整和改进。

（一）一级负压气流干燥机结构组成

以 DGZQ-3 型一级负压气流干燥机机组为例，由框架式 G4 型空气过滤器、铝翅片散热器、热交换箱、带搅拌的喂料螺旋输送机、喂料缓冲斗、抛料器（扬升器）、干燥管、脉冲管（扩大管）、大弯管、蜗壳器、旋风分离器（沙克龙）、观察视镜、“O”形密封螺旋输送机、关风螺旋输送机或关风器、接料管、引风机、出风管、防雨帽、防爆口等主要组件组成。

（二）一级负压气流干燥工作原理

由锅炉房送来一定压力的蒸汽，经稳压罐和电磁气动控制阀、稳压阀调整到工艺所需要的工作压力，进入热交换器进行加热。过滤后的空气在引风机的吸入作用下，经散热器交换成热空气（称热交换器），进入干燥管、脉冲管的干燥系统作为干燥淀粉的热载体。这个时间段热交换箱的热空气温度很高（称进口温度）。热空气在引风机的吸力下，使干燥系统内形成负压湿淀粉经喂料螺旋输送机、抛料器输送到干燥机管内与热气流混合，使湿淀粉与热空气经干燥管向脉冲管向上运动，并且在扩大的脉冲管内形成涡流，又快速向

旋风分离器运动，在运动过程中，湿淀粉外部受热，颗粒内部水分向外表扩散汽化，而热空气温度下降（称中间温度），热空气中水分含量则增加，淀粉得到干燥。被干燥的淀粉颗粒在比重差的作用下，沿旋风分离器锥体内壁大截面螺旋线旋转至锥体小截面出口进入密封螺旋输送机，再经闭风螺旋输送机或关风器输送到下一个工序。而水蒸气经蜗壳器被引风机吸入后，再经出风管排至大气中。

（三）热交换器的结构组成及原理

热交换器是气流干燥机的主要组件之一，热交换器选择和工艺组装与生产成本有直接关系，如工艺连接和配置不到位，一则会潜伏安全隐患，二则会造成能源浪费，同时会增加产品成本。淀粉生产行业的气流干燥机一般都选择铝合金翅片或紫铜翅片散热器，因为它们传热性能较好。铝合金翅片散热器由无缝钢管（俗称翅片管）、铝合金翅片、侧板、上进气室、下出水孔、连接法兰、进气法兰、出水法兰等组成。翅片管又叫肋片管，英文叫作 Extended Surface Tube，即扩展表面管。顾名思义，翅片管是在原有的无缝钢管外表面固定了 0.5mm×12.5mm 厚的铝带绕在无缝钢管外壁，使原有的表面得到扩展，形成一种独特的传热元件。

铝合金翅片散热器原理：当有一定压力的蒸汽进入散热器进气室时，热源进入翅片管路，热能经铝合金翅片散出，翅片管路经蒸汽加热后，温度升高，空气在翅片管外壁流动经过时，空气得到加热。

对于我国习惯上常选择加工 30t/h 马铃薯原料的淀粉生产线，干燥热交换器的散热面积一般选择 4200m^2，工作压力为 1.2MPa，其中 1400 m^2做冷凝水回收预热为了达到更好的热交换效果和过滤后的常温空气流量，设计热交换布置为两组，每组配置 1800mm×2000mm 散热器 4 片作为主要热能交换，另外每组再增加 2 片散热片作为冷凝水回收预热用。

（四）淀粉均匀工艺及设备

被干燥淀粉当时不能过筛作为商品淀粉包装入库，因为温度在 40～42℃，且有水蒸气，不宜过筛，也不宜长时间储存。湿淀粉在干燥过程中，粘贴在干燥管内壁被糊化的片状物，必须通过筛理来分离预糊化淀粉。另外，马铃薯开始投料生产到后期的 8～9d 后就需要停机全面清洗设备及二次开机，同时经常会遇到马铃薯损伤、腐烂、发芽、机械故障、停电等原因。这个时间段被干燥淀粉的主要理化指标是不稳定的，尤其是淀粉水分不是干就是湿，例如，淀粉水分超过 20%会给筛分设备造成堵塞。淀粉水分低于 16%又给输送设备、提升设备造成很多麻烦，更为严重的是粉尘四处飞扬。为了更好地稳定商品淀粉的白度、水分及其他理化指标，为用户提供优质的商品淀粉，被干燥淀粉至少设计两个小时储存量的均匀仓，对被干燥淀粉进行储存和均匀，让它在均匀过程中稳定主要理化指标，使淀粉颗粒与颗粒之间有足够的时间去相互吸收水分，以提高淀粉的活性水分。使储存和均匀后的淀粉主要理化指标稳定后再进行筛理、包装入库。例如，欧洲年产 25 万吨马铃薯淀粉加工厂都设计的 2～3 万吨圆形淀粉均匀罐。欧洲的大型马铃薯淀粉行业对干燥后的淀粉当时不过筛，它经皮带输送机或采用风力把它输送到储存大罐，经刮板机将淀粉搅均匀储存起来。被干燥淀粉在大罐储存过程中，使淀粉颗粒相互之间能吸收水分，以提高它的活性水分。均匀淀粉的主要目的是把淀粉活性水分保持平衡一致，便于烘烤方便食品、油炸方便食品使用，且口感好，外形美观（马铃薯淀粉食品加工行业最佳的使用活性水分为 0.68～0.70，结合水分应在 18.5%～19.0%），马铃薯淀粉对于烘烤食品、油炸食品水分不得低于 18%，也不得高于 19.5%。设计均匀仓还能稳定商品淀粉的其他指标。所以，欧洲的马铃薯淀粉制造商，一般是用户签约订单后再过筛、包装、出售。

对于干燥商品淀粉 5.25～6.0t/h 的中小型马铃薯淀粉加工企业，不需要设计更大的储存均匀仓，因为投资太大，在气流干燥机关风螺旋输送机（关风器）下部设计配置 25～30t 均匀仓、杠杆螺旋输送机、斗式提升机、回料螺旋输送机，可以同样起到短时间的储存、均匀、冷却的作用，使商品淀粉主要理化指标也能达到稳定的效果。

第五节　马铃薯蛋白回收技术

一、马铃薯蛋白概述

（一）马铃薯蛋白的分类

1. 马铃薯贮藏蛋白

马铃薯贮藏蛋白的分子量约为 43kDa，但当没有 SDS 或尿素存在的条件下，通常以二聚体的形式存在，分子量约为 80kDa。等电点在 4.5～5.2 之间。该蛋白是马铃薯特有的一种糖蛋白，含有 5%的中性糖和 1%的氨基己糖，研究发现，马铃薯贮藏蛋白具有脂酰基水解酶和酰基转移酶的活性，当块茎组织受伤时起作用。该蛋白能预防心血管系统的脂肪沉积，保持动脉血管的弹性，防止动脉粥样硬化的过早发生，还可以防止肝脏中结缔组织的萎缩，保持呼吸道和消化道的润滑。

2. 蛋白酶抑制剂

蛋白酶抑制剂主要分为7类：抑制剂Ⅰ（PI-1）、抑制剂Ⅱ（PI-2）、半胱氨酸酶抑制剂（PCPI）、天冬氨酸酶抑制剂（PAPI）、Kunitz型酶抑制剂（PKPI）、羧肽酶抑制剂（PCI）和丝氨酸酶抑制剂（OSPI）等。

抑制剂Ⅰ（PI-1）是丝氨酸蛋白酶抑制剂五聚体，由5个分子量为7～8kDa的亚基组成，该物质对胰凝乳蛋白酶和胰岛素具有抑制作用；第二类为抑制剂Ⅱ（PI-2）是丝氨酸蛋白酶抑制剂二聚体，由两个分子量为10.2kDa的亚基组成，两个亚基以二硫键连接，该蛋白的性质表现为单一蛋白的性质。抑制剂Ⅱ（PI-2）和半胱氨酸酶抑制剂（PC-PI）的含量相对较高，分别占马铃薯蛋白总含量的22%和12%。PCI是马铃薯块茎中最小的蛋白质，分子量为4.3kDa，是单一的亚基，热稳定性强。

蛋白酶抑制剂很久以来一直被认为是抗营养因子，除PCI外均对胰岛素和胰凝乳蛋白酶具有抑制作用。然而有研究发现，蛋白酶抑制剂应用于食品中具有良好的起泡性、泡沫稳定性和乳化性等，PCI可以抑制癌细胞的生长、扩散以及转移，是一种抗癌因子。

3. 其他

除了马铃薯贮藏蛋白（Patatin），蛋白酶抑制剂（Protease Inhibitors，PI）外，马铃薯块茎中还含有一些其他蛋白，其分子量均大于40kDa，如凝集素、多酚氧化酶、淀粉合成酶、磷酸酶等。

（二）马铃薯蛋白的营养价值

蛋白质的营养是由氨基酸的营养决定的，也就是说氨基酸是蛋白质营养的本质。马铃薯蛋白含有19种氨基酸。19种氨基酸总量为42.05%，其中必需氨基酸含量为20.13%，占氨基酸总量的47.87%；非必需氨基酸含量为21.92%，占氨基酸总量的52.13%。大豆分离蛋白中必需氨基酸含量占其氨基酸总量的38.5%，鸡蛋蛋白中必需氨基酸含量占氨基酸总量的49.7%，可见，马铃薯蛋白的必需氨基酸含量高于大豆蛋白，接近鸡蛋蛋白的必需氨基酸含量，远高于FAO/WHO的标准蛋白（36.0%）。

（三）马铃薯蛋白的功能性质

蛋白质的功能性质是指食品体系在加工、贮藏、制备和消费过程中蛋白质对食品产生需要特征的物理性质和化学性质。蛋白质的功能性质主要分为三类：一是水合性质即蛋白质和水相互作用，包括持水性、湿润性、溶胀性、黏着性、分散性、溶解度和黏度等；二是蛋白质分子间的相互作用，如沉淀作用、凝胶作用、形成各种其他结构等；三是表面性质，如乳化性、起泡性等。

蛋白质在肉制品、乳制品、焙烤食品、软饮料等食品工业中应用广泛。蛋白质不仅可以单独做成食品、软饮料、代乳粉、肉类黏合剂等，也可用作肉类、蛋类、乳类、鱼类等动物性食品的部分或全部替代品。

蛋白质的功能特性对于不同产品的作用是不同的。比如，蛋白质的凝胶性质用于肉制品，可提高产品水分含量，改善产品粗糙感，增加产品的嫩度、弹性以及咀嚼性，如在香肠、奶酪等食品中的应用；蛋白质的起泡性用于一些甜点中，可以使产品的结构疏松多孔，而且丰富细腻的泡沫会增加产品的适口感和美感；乳化性对于改善软饮料的口感以及稳定性非常重要，可以有效改善产品的分层、沉淀等问题，如在咖啡乳脂制品中的应用。然而，蛋白质的功能特性对产品性质的影响并不是单一的，而是多种性质共同作用的，如黏度、溶解度对饮料的作用；持水性、乳化性以及胶凝性对熟肉制品的作用等。

研究发现，马铃薯蛋白的溶解性略低于大豆分离蛋白，乳化性、起泡性均优于大豆分离蛋白。研究人员研究了马铃薯蛋白制备的条件，蛋白质的浓度为12%、pH 值 7.0、加热温度为95℃、加热时间为15min 时制备的蛋白凝胶，其脆度、硬度、稠度、黏聚性等指标最佳。

马铃薯蛋白是一种优质的植物蛋白，没有动物蛋白的副作用，因此，可作为饲料和食品的优质原料，应用前景良好。

二、马铃薯蛋白回收方法研究进展

马铃薯淀粉废水中蛋白质的回收目前主要有物理法和化学法两种方法。马铃薯蛋白质作为淀粉加工的副产物，产品中蛋白质含量最高可达80%。

（一）物理法

1. 泡沫分离法

泡沫分离是根据表面吸附的原理，通过向溶液中鼓泡并形成泡沫层，将泡沫层与液相主体分离，由于表面活性物质聚集在泡沫层内，就可以达到浓缩表面活性物质或净化液相主体的目的。泡沫分离法是蛋白质回收的物理方法，对环境不会造成二次污染。

早在1978年，研究人员就利用泡沫分离技术回收马铃薯淀粉废水中的蛋白质，研究了废液的浓度、温度、pH值以及添加NaCl对分离效果的影响。结果表明废液pH值为中性时泡沫最稳定，分离效果最好，但是之后该方法用于马铃薯淀粉废水中回收蛋白质的报道却很少。目前泡沫分离技术已工业化应用于玉米淀粉生产废水中回收蛋白质。

2. *超滤法*

目前国内外常用超滤技术回收蛋白。超滤是膜分离的方法之一，是以压力或浓度为驱动力，依据功能半透膜的物理化学性能，进行固液分离，或者将大分子与小分子溶质分级的膜分离技术。即当具有一定压力的液体经过超滤装置内部表面时，根据超滤膜的物理化学性能，选择性地使溶剂、无机盐和小分子物质透过成为透过液，而截留溶液中的悬浮物、胶体、微粒、有机物、细菌和其他微生物等大分子物质成为浓缩液，达到液体净化、分离、浓缩的目的。常用的超滤膜有，醋酸纤维素膜，聚砜膜，聚酰胺膜等；超滤装置主要有，板框式、管式、卷式和中空纤维式等。

研究人员采用聚砜中空纤维内压式超滤膜组件回收马铃薯蛋白质，在操作压力为0.10 MPa，室温22℃，pH值5.8的条件下，回收率达到了80.46%。利用超滤法从马铃薯淀粉废水中回收蛋白质，首先通过渗滤的方法对马铃薯淀粉废水进行预浓缩，然后采用截留相对分子质量为5～150kDa的三种膜材料：亲水聚醚砜，亲水性聚偏氟乙烯和新型再生纤维素对马铃薯淀粉废水中的蛋白质进行回收，蛋白质回收率均在82%左右。

研究人员采用泡沫分离技术与超滤技术相结合的方法回收马铃薯蛋白质，结果表明：当压力为0.15MPa，流量为30L/h时，截留相对分子质量15kDa的醋酸纤维素膜适合马铃薯淀粉加工废水中蛋白质的回收，蛋白质回收率可达85%。采用平板超滤膜设备对马铃薯淀粉废水进行了回收蛋白质实验，研究结果表明：截留相对分子质量为20kDa的聚乙烯膜在压力为0.2MPa、温度为25℃、进口流量为160L/min时，马铃薯淀粉废水中的蛋白质的回收率大于90%。

超滤法对蛋白质的回收率均可达到80%以上，回收过程中未受到其他化学成分、热处理等因素的影响，产品的纯度、口感、功能特性等都优于化学法回收的蛋白，而且回收过程中不会造成二次污染；但是超滤设备在使用过程中，会发生膜孔堵塞问题，不能连续工作，而且设备价格高，不适合中小企业使用。

（二）化学法

目前通过化学反应回收马铃薯淀粉废水中蛋白的方法主要有加热絮凝法、等电点沉淀法、絮凝剂法等。

1. 加热絮凝法

通过热处理使蛋白发生絮凝反应，并进行后续的沉淀、浓缩处理，能够从每吨蛋白废水中回收饲料蛋白粉35kg，其中粗蛋白含量为24%～40%。加热絮凝法不仅需要消耗大量能量，而且加热会导致蛋白质发生变性。另外，在絮凝过程中杂质会被蛋白质絮状物包裹而沉淀，导致产品纯度降低。

2. 等电点沉淀法

在等电点时，蛋白质分子净电荷为零，在溶液中因没有相同电荷的相互排斥，分子相互之间的作用力减弱，极易碰撞、凝聚而产生沉淀，所以蛋白质在等电点时，其溶解度最小，最易形成沉淀物，从而达到将蛋白质从溶液中分离的效果。

以马铃薯为原料模拟工业生产马铃薯废水，采用等电点沉淀法制备马铃薯分离蛋白，可制得纯度为85.38%的蛋白样品。该方法回收蛋白时，需要加入大量的酸，回收蛋白后的废水还须加入碱液调至中性，目前主要用于实验室分离进行性质研究。

3. 絮凝剂法

废水中的蛋白质表面带有自由的羧基和氨基，这些基团的亲水作用使蛋白质表面形成一层水化层，而且这些基团的离子化作用使蛋白质表面带有电荷，从而使蛋白质分子相互隔离不会聚集沉淀。加入絮凝剂可以中和蛋白质表面的电荷产生胶凝反应，从而聚集沉淀。

根据化学组成的不同，絮凝剂分为无机絮凝剂和有机絮凝剂。无机絮凝剂分为低分子型和高分子型。无机低分子絮凝剂包括铝盐和铁盐。铝盐主要有十二水硫酸铝钾（明矾）、硫酸铝、铝酸钠等。铁盐主要有氯化铁、硫酸铁和硫酸亚铁。无机高分子絮凝剂是无机絮凝剂的主流产品，主要包括聚合硫酸铝、聚合氯化铝、聚合硫酸铁、聚合氯化铁等。有机絮凝剂分为天然的和合成的两种。天然有机高分子絮凝剂包括淀粉、纤维素、甲壳素类和单宁等。废水中蛋白质的回收率与絮凝剂的种类和添加量有很大关系。

目前无机絮凝剂主要用来降低废水中的化学需氧量（COD），用作回收蛋白质的报道较少。通过添加$FeCl_3$回收马铃薯淀粉废水中的蛋白，当$FeCl_3$的添加量为0.02g/mL时，蛋白质的回收率可达到82.7%。无机低分子絮凝剂价格低、货源充足，但由于其用量大、残渣多、色泽差，故常与其他絮凝剂配合使用，以降低处理成本。

天然有机高分子絮凝剂由于具有活性基团多、结构多样等特点，因此，易于制成性能优良的絮凝剂。同时，还由于其来源广泛、价格低廉、无毒或低毒、能完全生物降解等特点，所以应用此类絮凝剂回收蛋白具有良好的发展前景。

研究人员研究了壳聚糖做絮凝剂对马铃薯淀粉废水中蛋白质的回收效果，结果表明：当pH值为4.5，壳聚糖加入量为0.05g/L时，蛋白质回收率为62.7%。利用羧甲基纤维素做絮凝剂，在pH值2.5的条件下回收工业废水中的蛋白质，所得蛋白产品纯度为74.4%。

用羧甲基纤维素（CMC）做絮凝剂分离马铃薯淀粉废水中的蛋白，研究了CMC与蛋白的比例、温度、pH值、CMC的取代度对絮凝效果的影响。结果表明：CMC与蛋白的比例为0.05∶1.00、温度为4～25℃、pH值为1.5～4.0、CMC的取代度为0.85～0.95时分离效果最好，分离得到的蛋白粉中蛋白质含量为76.6%，CMC含量为17.6%，水分含量为3.66%，灰分含量为2.17%。

絮凝剂法回收蛋白价格低廉，回收能力强，符合高效、廉价、低能耗的原则，但是，絮凝剂会带入蛋白产品中，使蛋白产品的色泽和纯度受到影响，若要得到高纯度的产品还须将絮凝剂与蛋白质分离。

虽然目前马铃薯淀粉废水中蛋白质回收的研究在国内外已取得了一定的进展，但是现有的回收技术还存在一些问题，比如：

（1）产品纯度低

化学法主要是通过化学反应使蛋白质发生絮凝沉淀而达到回收马铃薯蛋白的目的。在蛋白质絮凝过程中一些杂质会随着絮状物一起发生沉淀，使得产品的纯度不高。蛋白质产品中混有的杂质以及絮凝剂不仅影响产品的色泽，而且对其功能性质也有很大影响，如溶解性、起泡性、乳化性降低等。

（2）产品色泽深

回收的蛋白质在干燥过程中会发生褐变，褐变主要分为酶促褐变和非酶促褐变两个类型。酶促褐变是马铃薯中的多酚氧化酶在一定温度及有氧条件下促使酚类物质氧化发生的褐变，当这些酶与马铃薯中的结合蛋白彼此作用时，会产生黑色素，使马铃薯蛋白呈现灰暗色。有研究表明马铃薯中的酪氨酸和半胱氨酸在多酚氧化酶的作用下可产生黑色素。非酶促褐变主要是由于薯肉中的还原糖与氨基酸在高温、中低水分含量情况下发生美拉德反应或焦糖化反应造成的变色，导致马铃薯蛋白质呈黄褐色。研究发现，脱水的马铃薯产品在70℃会发生非酶促褐变。因此，在马铃薯蛋白产品干燥过程中，酶促褐变与非酶促褐变可能同时发生，导致产品色泽加深。

（3）回收成本高

目前，超滤法在回收过程中不添加化学物质，回收所得的马铃薯蛋白质纯度及品质均比化学法高，但是超滤设备昂贵，而且在回收过程中会发生膜堵塞，设备需要定期清洗维护，不能连续使用；化学法回收所得的马铃薯蛋白质纯度不高，若要提高其品质仍须进行进一步纯化，增加了回收成本。

第六章　马铃薯全粉生产技术

第一节　马铃薯全粉的特性及应用

一、马铃薯全粉的特性

马铃薯全粉是以干物质含量高的马铃薯为原料，经过清洗、去皮、切片、漂烫、冷却、蒸煮、混合、调质、干燥、筛分等多道工序制成的，含水率在10%以下的粉状料。由于在加工过程中采用了回填、调质、微波烘干等先进的工艺，最大限度地保护了马铃薯果肉的组织细胞不被破坏，可使复水后的马铃薯全粉具有鲜马铃薯特有的香气、风味、口感和营养价值。

由于脱水干燥工艺不同，马铃薯全粉的名称、性质、使用有较大差异。主要分为三种：以热气流干燥工艺生产的，成品主要以马铃薯细胞单体颗粒或数个细胞的聚合体形态存在的粉末状马铃薯全粉称之为马铃薯颗粒全粉，简称“颗粒粉”；以滚筒干燥工艺生产的，厚度为0.1～0.25 mm、片径3～10 mm大小的不规则片屑状马铃薯全粉，因其外观形如雪花，因此称之为马铃薯雪花全粉，简称“雪花粉”；采用脱水马铃薯制品经粉碎而得到的粉末状马铃薯全粉称之为马铃薯细粉，简称“细粉”。马铃薯颗粒全粉和马铃薯雪花全粉是马铃薯全粉的主要产品，应用最为广泛。

马铃薯全粉和淀粉是两种截然不同的制品，其根本区别在于：前者在加工中没有破坏植物细胞，基本上保持了细胞壁的完整性，虽经干燥脱水，但一经用适当比例的水复水，即可重新获得新鲜的马铃薯泥，制品仍然保持了马铃薯天然的风味及固有的营养价值；而淀粉却是在破坏了马铃薯的植物细胞后提取出来的，制品不再具有很多鲜马铃薯的风味和其他营养价值。

马铃薯全粉脂肪含量很低，营养丰富、全面，而且搭配合理，符合当今“低脂肪、高纤维”的消费时尚。马铃薯全粉是马铃薯食品深加工的基础，主要用于两方面：一是作为添加剂使用，如焙烤面食中添加，可改善产品的品质，在某些食品中添加马铃薯全粉可增加黏度等；二是马铃薯全粉水分含量低，能够较长时间地保存，且保持了新鲜马铃薯的营养和风味，是一种优质的食品原料，可冲调马铃薯泥、制作马铃薯脆片等风味和强化食品。在如今的食品工业中广泛应用于制作复合薯片、坯料、薯泥、糕点、膨化食品、蛋黄浆、面包、汉堡、冷冻食品、鱼饵、焙烤食品、冰激凌及中老年营养粉等食品。用马铃薯全粉可加工出许多方便食品，它的可加工性优于鲜马铃薯原料，可制成各种形状，可添加各种调味料和营养成分，制成各种休闲食品。如复合马铃薯片就是一种以马铃薯全粉为主要原料生产的薯片，已成为风靡世界的一种休闲食品。

二、马铃薯全粉的应用

马铃薯全粉是马铃薯食品工业的基础产品。利用马铃薯全粉可以开发出许多各具特色深受人们喜爱的马铃薯食品，比如：①各色风味的方便土豆泥。②油炸马铃薯条，现炸现卖、外脆内香、风味极佳。③速冻马铃薯条食品。用微波炉烘烤或过油后，供家庭或餐馆食用。④复合薯片。目前国外品牌占国内市场统治地位，虽有北京兴运公司的“大家宝”薯片参与竞争，但所用马铃薯全粉还依赖进口。⑤各种形状、各色风味的休闲食品。目前全国有上百家生产厂家，过去大部分用小麦粉、玉米粉、木薯粉等做原料。近年来，为了提高产品质量和档次，纷纷改用马铃薯全粉做原料，对马铃薯全粉的需求量正迅速扩大。⑥婴儿食品。到目前为止，我国婴儿食品的主要原料是大米（如广州亨联集团的婴儿营养米粉）。用马铃薯全粉配制婴儿食品有其独特的优点，有待开发。⑦鱼饵配料。用马铃薯全粉做鱼饵配料，香味浓郁，鱼上钩快且多。国内著名的东峻鱼饵公司、老鬼鱼饵公司都已将全粉列为鱼饵配方中的基本配料。⑧焙烘食品（如面包、糕点、饼干等）的添加剂即食汤料增稠剂。王春香利用马铃薯全粉和小麦粉的混粉制作马铃薯方便面，结果表明，在马铃薯全粉的添加量达到35%时，马铃薯方便面具有较好的品质。郑捷、胡爱军研究了马铃薯全粉对面包的水分、酸度、体积和感官品质的影响，结果表明，提高马铃薯全粉添加量，可使面包成品的含水量相应增大，对面包酸度影响不大。当马铃薯全粉添加量在5%～15%时，对面包的体积不产生抑制作用；当添加量高于15%后，面包的体积随着马铃薯全粉添加量的增大而明显减小。⑨军队战略储备物资。由于马铃薯全粉使用方便、保存期长、营养丰富、消化吸收率与其他食物相比为最高，欧美各国大都将其作为战略储备物资，以满足紧急情况下的需要。

用马铃薯全粉代替一部分淀粉，添加到饼干、面包中，目前在国外已得到了广泛的应用。面包中添加马铃薯全粉，可以防止老化而延长保存期，饼干中添加马铃薯全粉会比添加淀粉具有更丰富更好的营养成分。在某些第三世界国家，人们常食用的饼干中就是添加了大量的马铃薯粉，以补充由于他们只吃饼干而不吃蔬菜导致的营养缺乏。马铃薯粉除了可以作为填充料外，在国外还有一种方便汤中也普遍应用马铃薯全粉。正是由于马铃薯全粉在马铃薯食品加工中的重要作用，国外许多国家都有专门的工厂生产加工马铃薯全粉，实现了马铃薯全粉加工的产业化，并且产品直接出口，创造了更多的经济效益。

膨化制品近几年来发展很快，是具有销售优势的人们喜食的品种。它是由薯粉与其他配料按一定的比例混合后进行膨化而制得的各种形状的食品。膨化食品松脆，易消化，所以深受人们的欢迎，尤其是受儿童的欢迎。肖莲荣以马铃薯雪花全粉和颗粒全粉为基料，对马铃薯挤压膨化食品进行了研究，确定了大米、玉米、小麦淀粉是马铃薯全粉最佳的共挤压谷物原料，最佳配比是：淀粉 10%、大米粉 30%、玉米粉 15%、马铃薯雪花全粉 28%。含高蛋白、多维生素等的马铃薯强化制品主要用于学校儿童的膳食中，同时也可适用于老年人、某些病人及特殊需要某种营养的人。

第二节　马铃薯颗粒全粉与雪花全粉的生产工艺

一、马铃薯颗粒全粉的生产工艺

马铃薯颗粒全粉是将马铃薯经过清洗、去皮、蒸煮后经过干燥而得到的细小颗粒状产品。这种形状是在工艺过程中，特别是在回填拌粉制粒、干燥等阶段逐步形成的。其加工原则是：马铃薯的营养价值不应在加工过程中受到过多破坏，特别是尽量避免细胞受到损害，使天然营养价值和化学成分应尽可能保留。为了减少细胞破裂，在颗粒全粉的加工过程中，特别是拌粉制粒工序，设备对马铃薯的机械动作应特别圆滑、轻柔，避免机械硬性的操作加工（例如强力挤压等）。这需要多道相对复杂的工序完成。目前国外主流生产工艺是采用“回填”法。其工艺流程如下：

原料→清洗→蒸汽去皮→干刷脱皮→清洗→分拣→切片→清洗→漂烫→冷却→蒸煮→制泥→回填混合→筛分→调质→干燥→筛分→二次干燥→冷却→二次筛分→包装→成品。

二、马铃薯雪花全粉的生产工艺

马铃薯雪花全粉是马铃薯经去皮、切片、蒸煮等工序后，采用挤出机制泥，然后被输送到滚筒干燥机将挤成糊状的物料干燥，最后再破碎、分装，得到的薄片状产品。工艺设备相对简单，其工艺如下：

马铃薯原料→去石清洗→蒸汽去皮→毛刷去皮→修整→切片→漂洗→预煮→冷却→蒸煮→制泥→干燥→破碎→包装→产品。

三、马铃薯全粉的生产设备

马铃薯颗粒全粉主要采用蒸汽去皮机、切片机、预煮机、冷却器、蒸煮机、回填拌粉制粒机及沸腾流化床干燥或气流干燥等主要设备。

马铃薯雪花全粉主要采用蒸汽去皮机、切片机、预煮机、冷却器、蒸煮机、挤出制泥机、滚筒干燥机等主要设备。

有些马铃薯颗粒全粉生产线，由于回填拌粉设备存在设计缺陷，物料流速过快，无法在拌粉机内完成马铃薯的连续搅拌制粒要求，不得不增加使用挤出机来实现制泥。这样马铃薯就受到较多剪切力，造成过多游离淀粉析出，结果拌粉制粒机的实际作用变成了物料输送机，颗粒全粉生产实际变成了雪花全粉生产。

第三节　马铃薯颗粒全粉加工工艺

一、马铃薯颗粒全粉加工工艺研究背景

随着马铃薯主粮化进程的不断推进，马铃薯全粉不仅成为多种湿制（糊、泥）、油炸、膨化、添加剂、调味剂等食品加工行业的主要原料，更以相当的比例进入粮食产品中成为主粮。马铃薯全粉具有风味好、营养损失少、质量稳定性好、加工方便等优点，因此，作为基本原料被广泛用于食品的加工，如马铃薯饼、薯条、食品添加剂等。更重要的是：马铃薯蛋白质营养价值高，可消化性好，易被人体吸收，其品质与动物蛋白相近，可与鸡蛋媲美。目前国内外多项研究致力于将马铃薯全粉以足够的比例（主要原料）加入粮食产品中，使其成为主粮。

与雪花全粉相比，马铃薯颗粒全粉更好地保持了细胞的完整性，从而更好地保护了马铃薯的风味物质，因此，颗粒全粉再复水后能更好地呈现出新鲜薯泥的性状。传统马铃薯颗粒全粉生产工艺为：

原料→清洗→蒸汽去皮→干刷脱皮→清洗→分拣→切片→清洗→漂烫→冷却→蒸煮→制泥→回填混合→筛分→调质→干燥→筛分→二次干燥→冷却→二次筛分→包装→成品。

国内多项研究也加入了微波干燥工艺。然而复杂的工艺流程决定了颗粒全粉生产的设备投资及耗能过高，产品价格居高不下，成为阻碍马铃薯主粮化进程的主要原因。该研究在传统马铃薯颗粒全粉生产工艺的基础上，在保证全粉质量的前提下，对制粉工艺进行改良、简化。

通过正交试验研究马铃薯全粉的制备工艺，结合全粉的理化和功能特性，确定最佳的马铃薯全粉加工工艺条件。研究结果能为马铃薯加工业提供工艺参考，并为以马铃薯全粉为原料的后续产品研发提供依据。

二、研究采用的试验材料、仪器设备

研究所用马铃薯品种为青薯 1 号，广泛种植于四川省凉山彝族自治州。所需仪器设备主要包括：狮牌商用电器有限公司生产的多功能切片机；上海一恒科学仪器有限公司产品电热鼓风干燥箱 DHG-9245A，输入功率 2450 W；永康市群华五金配件厂出品的万能高速粉碎机 DELI-500A。

三、马铃薯颗粒全粉制备工艺简化思路

从以上马铃薯颗粒全粉传统加工工艺流程可知，传统马铃薯颗粒全粉生产工艺复杂，工序繁多，从而使得马铃薯颗粒全粉生产过程中设备、能源、人工投入大，产品成本升高。要让马铃薯颗粒全粉成为马铃薯粮食产品加工的主要原料，必须对其加工工艺实现有效简化，成功将马铃薯颗粒全粉成本降低到与传统粮食相近，才能实现马铃薯颗粒全粉在粮食产品加工中的推广应用。

马铃薯颗粒全粉传统加工工艺中，主要的工序包括清洗、去皮、切片、蒸煮、干燥、粉碎。相同工序重复进行使得工艺增长和复杂化。例如，在传统马铃薯颗粒全粉加工工艺中，清洗需要进行三次，目的是保证产品的洁净程度，然而适当将设备进行改造，去皮及切片后的清洗工序可以在去皮及切片过程中同步完成，从而简化工艺。后端的干燥、粉碎工艺环节类似，提高设备的可控性，使得产品在一次加工后即可获得所需性能，便可省略

后续二次相同工序。如烘干机，采用温度、湿度、烘干时间、烘干方式均可精确控制的烘干设备，使蒸煮后的马铃薯片水分含量、硬度、脆性达到粉碎要求，一次烘干即可。粉碎工序则应根据需要选择适当粉碎能力，产品粒度均匀的粉碎机，省去筛分工序，从而简化工艺流程。

综上所述，马铃薯颗粒全粉加工工艺简化着眼于保留制备马铃薯颗粒全粉的主体工序，保证每一工序的加工质量，从而省略重复工序。由此，将马铃薯颗粒全粉制备工艺简化为：

马铃薯→清洗→机械去皮→切片→蒸煮→热风干燥→粉碎→全粉产品。

四、正交试验优化马铃薯颗粒全粉制备工艺参数

马铃薯经过清洗、去皮、切片、蒸煮、干燥、粉碎可制成马铃薯全粉。其中马铃薯切片厚度、蒸煮时间、蒸煮与切片顺序、干燥温度、干燥时间均可不同程度地影响全粉的品质。为确保简化马铃薯颗粒全粉生产工艺满足全粉质量要求，研究主要通过以下工艺进行全粉制备，并通过正交试验，确定最优的工艺参数。

（一）马铃薯清洗

机械去皮 2 mm，根据切片需要，调节切片机切片厚度进行切片。切片厚度影响马铃薯薯片水分的散失、干燥的时间及薯粉的感官品质。切片太厚，薯片不易烘干，水分的存在会使薯片滋生细菌，霉变；切片太薄，蒸煮过程中，片易碎，干燥过程中易焦化褐变，同时影响全粉品质。设 3 mm、6 mm、8 mm 三个厚度进行试验。

（二）蒸煮

蒸煮时间影响马铃薯褐变程度及全粉品质。解决细胞的破碎是生产中的技术关键，对于全粉加工至关重要，其中涉及细胞结构的复杂变化和一系列的生化反应。马铃薯分生粉和熟粉，两者在理化与功能特性上有明显的不同。有研究表明，热学性质方面，生粉比熟粉更难以糊化，且熟粉有较高的吸水能力，但吸油能力、起泡能力等较生粉差。试验主要研究熟粉制粉工艺，前期试验表明，切片厚度 8mm，煮 3 min，即可制得熟粉，时间若过长则片易碎。因此蒸煮时间设 3 min，5 min，10 min 三个水平进行试验。

（三）干燥

由于马铃薯属高含糖量的热敏性物料，长时间受热时，内部的还原糖会与蛋白质等发

生焦糖反应，从而使原料产生非酶褐变，影响产品品质。研究采用热风干燥方式，发现热风干燥对马铃薯干燥状态有明显影响。

马铃薯薯片在不同温度下干燥后，薯片的外观有明显的不同。随着试验温度的升高，薯片颜色由浅变深。经 60℃干燥后，三组薯片未完全变干，仍有一些水分存在。部分样品已变质，有异味，表面有黏稠的白色丝状物出现。马铃薯干燥初期，近表面水分较少，干燥较快。干燥时间大部分用于除去薯片最后的含水量。干燥温度较低，薯片较厚，很容易引起变质。

马铃薯在四个温度下干燥，通过水分蒸发情况，可以看出：①在干燥初期，马铃薯水分减少较快，干燥速率随着水分含量减少而降低；②随着温度的升高，马铃薯干燥速率增大；③随着切片厚度增大，马铃薯干燥速率减少；④干燥温度越高，时间越长，马铃薯边缘易褐变，且褐变面积变大。

提高温度可以打破吸附于食品的水分的束缚，除去内部剩余的少量水分。但温度升高 10℃，美拉德反应加快 3～5 倍，对马铃薯色泽、营养会产生不良影响。综合上述因素，干燥温度设为 70℃、80℃、90℃三个水平，干燥时间设 7h、8h、9 h 三个水平。

综合上述条件，为获得干燥时间较短，马铃薯粉色泽质地良好的制粉工艺，在切片厚度、蒸煮时间、热风干燥温度、时间四个因素三个水平下进行 L9（34）正交试验。经热风干燥后的马铃薯片在粉碎机中粉碎 3 min，过 60 目筛得马铃薯全粉。

五、马铃薯颗粒全粉的品质测试及分析

据了解，目前还没有统一的马铃薯全粉国际质量标准，各个国家、地区、公司都有自己不同的标准。其中，由不同品种的马铃薯制备得到的颗粒粉理化指标会有较大区别，因此，用一个标准做出统一的规定，不是很合理。但各质量标准，基本包括四个部分，即感官标准、理化标准、卫生标准和食品添加剂标准。

六、试验结果与分析

（一）马铃薯颗粒全粉品质分析

由正交试验获得 9 组不同的马铃薯全粉，其化学成分所采用的测试指标是依据目前国内外企业生产马铃薯粉采用的企业标准而选用的分析指标。从表中可以看出，不同加工方式制成的马铃薯全粉在理化性质上略有不同。马铃薯全粉中游离淀粉含量的多少是全粉质

量的一项重要指标，它表明马铃薯细胞被破坏的程度。游离淀粉率高，则表明细胞被破坏程度大。薯粉加工过程中大都存在游离淀粉率高、黏度过大等问题，细胞破碎过大会导致营养和风味物质流失严重。由于在干燥过程中，马铃薯内部还原糖与蛋白质等会发生美拉德反应，产生非酶褐变，故还原糖的含量是影响马铃薯全粉加工色泽的一个重要指标。维生素 C 主要存在于蔬菜、水果中，人体不能合成。土豆中含有多种维生素，其中维 C 含量比较多，它是马铃薯全粉重要的营养成分。水分的高低影响马铃薯的保存，水分含量低，马铃薯全粉能够较长时间地保存。灰分标示食品中无机成分总量的一项指标，代表食物中矿物质成分。从营养学角度来说，一般灰分越多，则粉的矿物质含量越多。而在面粉加工生产中，则要求尽量降低灰分含量。一般来讲，灰分越低面粉加工精度越高，生产高等级面粉则要求灰分低于 0.70%。

从极差分析结果可以看出，切片厚度、蒸煮时间、热风干燥温度及时间这 4 个因素对马铃薯全粉的游离淀粉率、水分及其他 3 个指标都有一定影响。从极差分析可以看出，影响全粉游离淀粉率的因素主次顺序依次为 B→A→D→C，选取最优处理组合为 B3A1D1C3；影响水分的因素主次顺序依次为 C→D→B→A，选取最优处理组合为 C1D2B1A3；同理可得影响灰分、还原性糖、维生素 C 含量的最优因素组合分别为 C1A1D3B3、B3D1A2C1，A3D1B1C2。通过上述不同加工条件对全粉 5 项指标影响结果的极差分析，可以看出：A 因素即切片厚度对维生素 C 含量影响最显著，此时选取 A3，但取 A3 时，游离淀粉率和还原性糖的含量均较高，但是切片厚度对还原性糖这一指标为次要影响因素，因此，从全粉营养价值考虑选 A3；因素 B 即蒸煮时间对游离淀粉率和糖类含量的影响最显著，且对其他 3 个指标均是次要因素，选取 B3；因素 C 即热风干燥温度主要影响全粉中水分和灰分含量，且对其他 3 个指标均是次要因素，选取 C1；因素 D 即热风干燥时间，选取 D1 均可改善游离淀粉率、糖分、维生素 C 含量，因此选取 D1。

综上所述，为提高全粉粉质理化特性，最优组合为 A3B3C1D1，即切片厚度 8 mm，蒸煮 10 min，热风干燥温度 90℃，干燥时间 7 h。

七、最优工艺条件试验验证

由试验结果可知，最优条件下所得马铃薯全粉除还原糖含量较高外，其他指标较优于正交试验各组合。这说明，理论分析值可信。

八、结论

综合比较不同制粉工艺条件下全粉理化指标、感官指标及能耗情况，可以知最优工艺条件下所得马铃薯粉理化指标均达到行业标准，且较优于其他各组合。使用该简化工艺生产马铃薯颗粒全粉的效率为：1000 g 马铃薯（生产总成本 2.0 元）产粉 240 g，即全粉成本为 8.3 元/kg，远低于进口马铃薯全粉价格 13 元/kg。因此，该技术的推广能从根本上解决马铃薯全粉国产化，推进其主粮化进程。马铃薯全粉中营养物质维生素 C 含量高；色泽均匀、呈乳白色、有马铃薯香，粉较细、有粉粒感。预测值与实际值基本一致，预测条件与实际情况较符合。

该研究结果在马铃薯颗粒全粉制作工艺简化方面取得了突破性进展，主要体现在以下几点：

一是马铃薯颗粒全粉制备工艺极大简化，生产线有效缩短，生产效率大大提高。与传统马铃薯颗粒全粉生产工艺相比，简化工艺生产马铃薯颗粒全粉加工时间缩短了近 1/3。

二是同时该简化工艺最大的价值还体现在马铃薯颗粒全粉生产线的缩短，这就为小型马铃薯颗粒全粉生产线的设计、研发和推广提供了可能。基于该马铃薯颗粒全粉简化加工工艺的小型马铃薯颗粒全粉生产线在设备数量、设备体积、操作工数量、生产线成本方面大幅度减小。对于类似四川省凉山州这样的马铃薯种植区而言，种植面积大，但相对分散，且地势复杂，完全不适合大型马铃薯全粉生产线的投入使用。而基于简化马铃薯全粉加工工艺设计的小型马铃薯颗粒全粉生产线可广泛应用于最接近马铃薯种植区的乡镇，年产能力不高，只需要 20t 左右，就地加工一定区域的鲜马铃薯，从而让农户在鲜马铃薯收获后立即销售，减轻其运输及储存压力，获得稳定的经济收入，尽快脱贫致富。

三是马铃薯颗粒全粉产品成本的大幅度降低。马铃薯全粉价格居高不下一直是影响全粉主粮产品推广，进而影响马铃薯主粮化进程的主要因素。例如人们习惯了 1 元一个的小麦馒头，要接受 2 元一个的马铃薯全粉馒头，难度非常大。通过马铃薯颗粒全粉简化制备工艺研究，将马铃薯颗粒全粉的成本降低至 8.3 元/kg，虽然仍高于小麦粉成本，但已经比进口全粉的 13 元/kg 降低了很多。就马铃薯全粉馒头而言，其价格可降低至 1.2 元一个，0.2 元/个的价格差异对于越来越追求健康生活的消费者来说，是比较容易接受的。从这一方面，可以说马铃薯全粉简化制备工艺极大地推进了马铃薯主粮化进程。

四是简化马铃薯颗粒全粉制备工艺完全能保证产品质量。四川马铃薯工程技术中心后续马铃薯全粉主食加工工艺研究所使用的颗粒全粉，均采用该简化加工工艺制备而成。不仅能保证马铃薯全粉粮食产品质量，在全粉的加工性能方面，甚至优于传统马铃薯颗粒全粉加工工艺生产的全粉产品。

第四节 不同加工工艺马铃薯颗粒全粉品质质量

一、不同加工工艺马铃薯颗粒全粉品质质量项目简介

随着马铃薯主粮化进程的不断推进，马铃薯全粉不仅成为多种湿制（糊、泥）、油炸、膨化、添加剂、调味剂等食品加工行业的主要原料，更以相当的比例进入粮食产品中成为主粮。马铃薯全粉具有风味好、营养损失少、质量稳定性好、加工方便等优点，因此，被用作基本原料广泛用于食品的加工，如马铃薯饼、薯条、食品添加剂等。更重要的是，马铃薯蛋白质营养价值高，可消化性好，易被人体吸收，其品质与动物蛋白相近，可与鸡蛋媲美，是全球重要的粮食作物。目前国内外多项研究致力于将马铃薯全粉以足够的比例（主要原料）加入粮食产品中，使其成为主粮。

与雪花全粉相比，马铃薯颗粒全粉更好地保持了细胞的完整性，从而更好地保护了马铃薯的风味物质，因此，颗粒全粉再复水后能更好地呈现出新鲜薯泥的性状。简化后的马铃薯颗粒全粉制作工艺如下：

马铃薯→清洗→机械去皮→切片→蒸煮→热风干燥→粉碎→全粉。

研究在目前马铃薯全粉加工工艺的基础上，提出了以下两种护色方法的工艺流程，如图 6-1 所示。

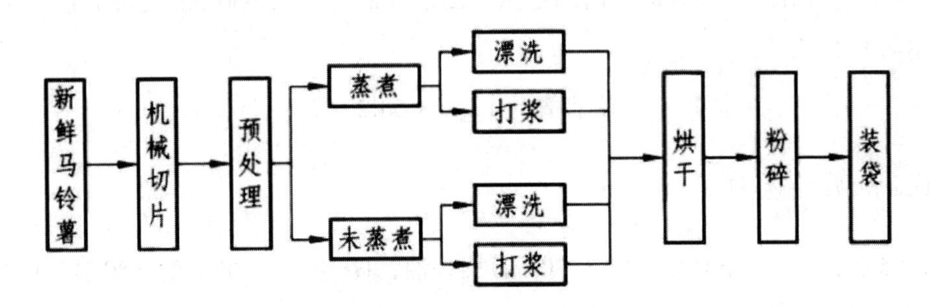

图 6-1 马铃薯全粉制作工艺流程

其中机械切片厚度在 10 ~ 15 cm；预处理是采用 2% 盐溶液浸泡 1 h，蒸煮时间为 15 min。蒸与未蒸煮后的马铃薯片或浆在 120℃下烘 1 h 后再转到 90℃下烘 5 h 再在 70℃下烘至干燥。

通过正交试验研究制粉工艺中蒸煮及打浆环节对马铃薯全粉的质量因素即碘蓝值、淀

粉含量、吸水能力、吸油能力和溶解度等的影响，从而提升马铃薯颗粒全粉质量并优化制粉工艺。

二、试验材料与方法

（一）材料

马铃薯采用在四川省凉山州广泛种植的品种“凉薯17”。

（二）主要仪器设备

切丝切片机（型号：YQS660，山东济南）；马铃薯脱皮机（型号：TP-450，山东济南）；电热鼓风恒温干燥箱（型号：CH101-4B，江苏盐城）。

三、各项影响因素分析方法

（一）碘蓝值

取两个50 mL容量瓶做平行实验，加蒸馏水至近刻度，65.5℃预热并定容至刻度；准确称量0.25 g样品于100 mL锥形瓶中，倒入预热并定容的50 mL蒸馏水，保持65.5℃，搅拌5 min，静置1 min后过滤。滤液保持65.5℃并趁热吸取1 mL于50 mL显色管中，加0.02 mol/L碘标准溶液1 mL，定容至刻度，同时取0.02 mol/L碘标准溶液1mL，定容至50 mL。以试剂空白对照，以试剂空白调零点，测定样品在波长650 nm处吸光度1。碘蓝值按式（6-1）计算。

$$碘蓝值 = A_{650nm} \times 54.2 + 5 \tag{6-1}$$

（二）吸油能力

称取5.0 g样品于烧杯中，加入30 mL菜籽油，摇匀，在100℃的水浴中加热20 min，冷却静置到室温，移入离心管中，用3000 r/min的转速离心25 min，量取上清液体积V_1（mL）。吸油量按式（6-2）计算，吸油能力以每克样品吸收油的体积表示。

$$吸油能力(mL/g) = \frac{30 - V_1}{5.0} \tag{6-2}$$

（三）吸水能力

称取1. 0 g样品于烧杯中加入49 mL水配成2g/100 mL的溶液，在100℃的水浴中加热20 min，量取上清液体积 V_2（mL）。吸水能力按式（6-3）计算，吸水能力以每克样品吸收水的体积表示。

$$吸水能力(mL/g) = \frac{49 - V_1}{1.0} \tag{6-3}$$

（四）总淀粉

采用酶水解法（GB/T 5009. 9—2008）测定。

（五）溶解度测定

将1 g样品于1 mL刻度试管，加蒸馏水至刻度线，将上述溶液放置1 h（每10 min混合一次），静置15 min后吸取上清液于已质量恒定的铝盒中蒸干水分称量铝盒总质量。按照式（6-4）样品的溶解度。

$$溶解度(\%) = \frac{(m_2 - m_1)V}{2m} \times 100 \tag{6-4}$$

式中：m 为样品质量/g；m_1 为铝盒质量/g；m_2 为加上清液干燥后铝盒质量/g；V 为上清液体积/mL。

四、结果与讨论

根据马铃薯全粉制作工艺设计流程，将马铃薯分为漂洗蒸煮（PZ）、打浆蒸煮（JZ）、漂洗未蒸煮（PW）和打浆未蒸煮四个处理组。每组测出两组数据，取均值，并计算方差。

（一）不同加工工艺对马铃薯颗粒全粉碘蓝值的影响

马铃薯颗粒全粉中游离淀粉含量的多少是全粉质量的一项重要指标。现行有关标准采用碘蓝值测定。碘蓝值高表明大量马铃薯细胞被破坏，从而释放出大量游离淀粉。分别测定出四种不同工艺制成全粉的碘蓝值如图6-2所示。

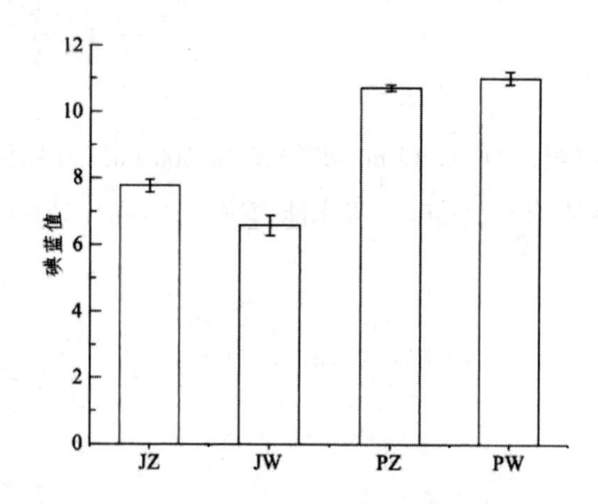

图 6-2　不同加工工艺对马铃薯颗粒全粉碘蓝值的影响

图 6-2 显示打浆未蒸煮处理组的碘蓝值最低为 6.54，极大地保持了全粉中马铃薯细胞的完整性，具有更高的营养价值。切片未蒸煮处理组碘蓝值 10.96 最高。说明打浆不易造成细胞破坏，而蒸煮工艺在加热过程中容易造成细胞壁分解溶出，从而破坏细胞。而切片未蒸煮工艺将大量支链淀粉转化为了直链淀粉，溶于水中，碘蓝值升高。其原因在于不经过蒸煮直接打浆后烘干、粉碎所需的机械能较小，对细胞的破坏性减弱。

（二）不同加工工艺对马铃薯颗粒全粉吸油能力的影响

吸油能力的大小受蛋白质的来源、加工条件和添加剂的成分颗粒的大小和温度的影响，如含非极性尾端较多的蛋白质含量增加，则吸油能力也随着增加。吸油能力强的马铃薯全粉较适合用作油脂含量高的粮食产品原料。四种不同工艺制成全粉的吸油能力如图 6-3 所示。

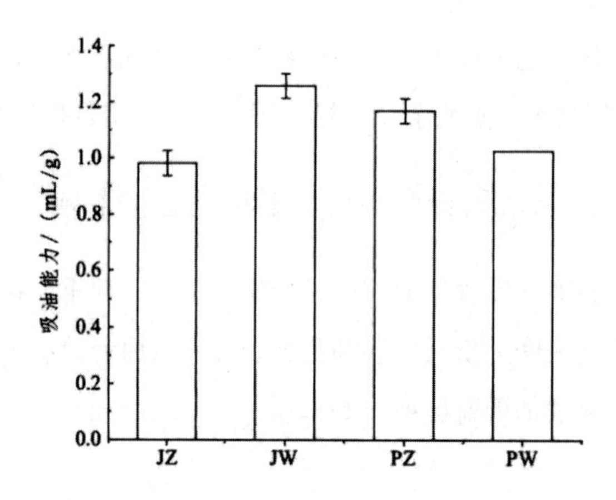

图 6-3　不同加工工艺对马铃薯颗粒全粉吸油能力的影响

图 6-3 表明打浆未蒸煮处理组的吸油能力最高，达 1.35 mL/g。打浆蒸煮处理组的吸

油能力为 1.05 mL/g，最低。其原因在于蒸煮工艺对全粉中蛋白质分子的破坏较大，而在不经过蒸煮的前提下，切片工艺更易破坏全粉中蛋白质分子的结构。

（三）不同加工工艺对马铃薯颗粒全粉吸水能力的影响

持水力的差异主要是由淀粉分子内部羟基与分子链或水形成氢键和共价结合所致。羟基与淀粉分子结合的作用大于与水分子的结合，显示低的持水力，反之则显示高的持水力。马铃薯颗粒全粉糊化时，能吸收比自身重量多 400～600 倍的水分，其原因是马铃薯全粉颗粒大，结构松散，吸水膨胀力大。同时直链淀粉含量低也是吸水能力上升的原因。四种不同工艺制成全粉的吸水能力如图 6-4 所示。

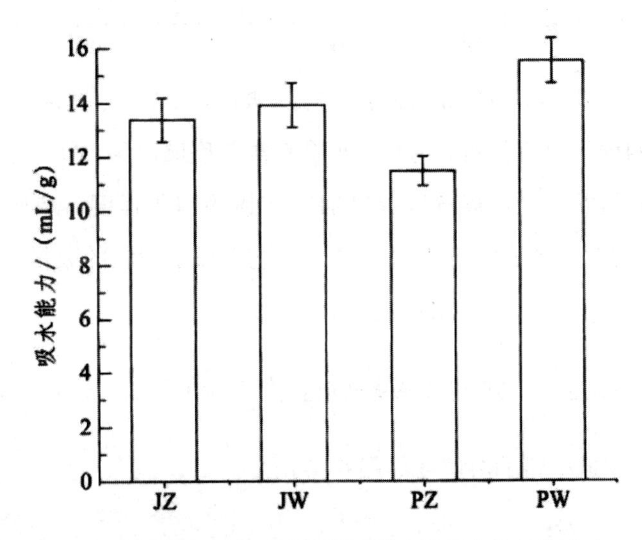

图 6-4　不同加工工艺对马铃薯颗粒全粉吸水能力的影响

图 6-4 显示吸水能力最强的是切片未蒸煮处理组，为 14.25 mL/g。切片蒸煮处理组最低为 10.5 mL/g。其原因在于切片未蒸煮工艺造成了大量游离淀粉的存在（碘蓝值最高），从而增强了全粉的吸水能力。

（四）不同加工工艺对马铃薯颗粒全粉溶解度的影响

溶解度是指全粉溶于水的能力。四种不同工艺制成全粉的溶解度如图 6-5 所示。

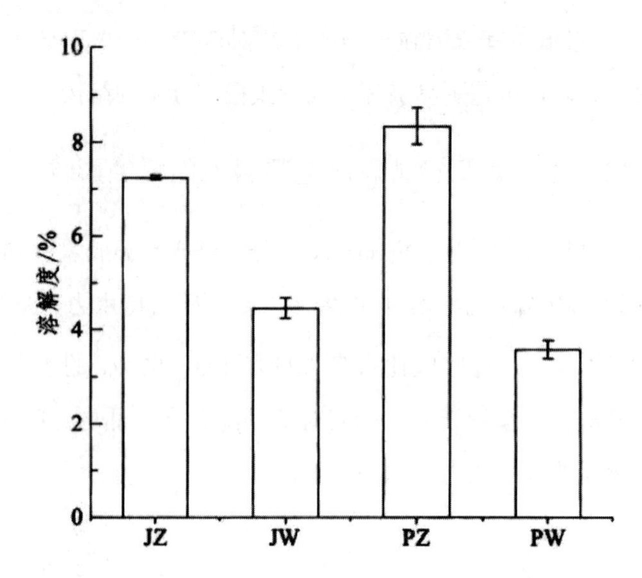

图 6-5　不同加工工艺对马铃薯颗粒全粉溶解度的影响

图 6-5 显示四种不同工艺制成的马铃薯全粉溶解度顺序为：切片蒸煮→打浆蒸煮→打浆未蒸煮→切片未蒸煮。说明蒸煮过程增加了淀粉的糊化程度，从而提高了全粉的溶解度。同时溶解度与游离淀粉的含量有关，切片工艺造成了细胞的大量破坏，释放出的大量游离淀粉提高了马铃薯全粉的亲水性，提高溶解度。

（五）不同加工工艺对马铃薯颗粒全粉中淀粉总含量的影响

四种不同工艺制成全粉的溶解度如图 6-6 所示。

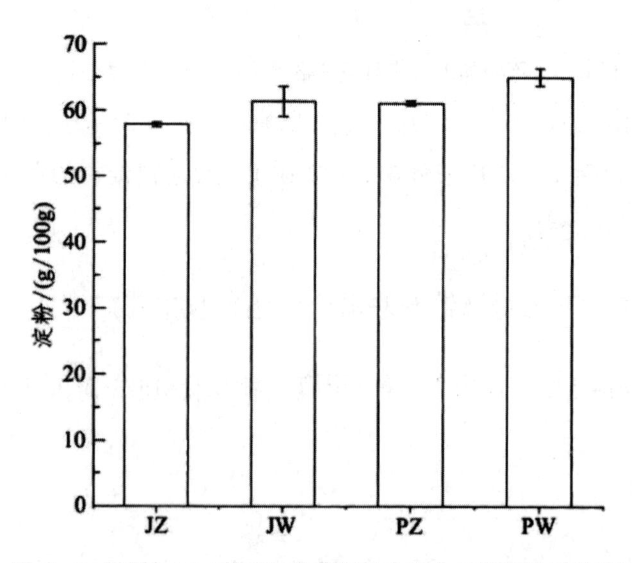

图 6-6　不同加工工艺对马铃薯颗粒全粉中总淀粉含量的影响

图 6-6 显示切片未蒸煮处理组中总淀粉含量最高，为 61.29 g/100g，打浆蒸煮处理组

中总淀粉含量最低，为 54.44 g/100go 说明蒸煮工艺会降低全粉中总淀粉含量，而打浆与切片工艺相比较，切片工艺更有利于保持全粉中的总淀粉含量。

五、结论

通过对以上工艺的分析和比较，得出结论如下：

第一，打浆未蒸煮工艺加工的马铃薯全粉碘蓝值最低，吸油能力最高，吸水能力及淀粉总含量均较高。全粉极大保持了马铃薯细胞的完整性，从而具有更高的营养价值；全粉的加工性能良好，能作为制作马铃薯食品的主要原料。该工艺制作全粉的唯一缺陷是亲水性不够，溶解度较低。

第二，切片蒸煮工艺加工的马铃薯全粉溶解度最高，吸水能力、吸油能力及总淀粉含量较高。全粉的加工性能良好，能作为制作马铃薯食品的主要原料。其缺陷是碘蓝值较高，全粉在保持马铃薯风味及营养价值方面不如打浆未蒸煮工艺。

第七章　马铃薯产业化经营管理与创新

第一节　马铃薯的市场需求

一、马铃薯的种植情况和市场需求

（一）世界马铃薯的种植情况

近几十年来，世界马铃薯的种植面积一直保持在 2000 万公顷上下，近年略有下降。种植面积主要分布在欧洲、亚洲，其中，欧洲 21 世纪初期马铃薯种植面积为 820 万公顷，占全世界总种植面积的 40%；亚洲马铃薯种植面积为 780 万公顷，占全世界总种植面积的 38%；两者合计占世界马铃薯种植面积的 78%，而马铃薯的发源地南美洲种植面积仅 94 万公顷，只占世界马铃薯种植面积的 5%。

近年世界马铃薯种植总面积波动不大，但各大洲种植面积却有较大变化，除整个美洲大陆保持相对稳定外，欧洲的种植面积在持续减少，而亚洲、非洲的种植面积在不断增加。

（二）世界马铃薯的消费情况

世界马铃薯的直接利用和加工利用均以食品用途为主，不同国家人均消费量差异大。世界上马铃薯人均占有量为 31 公斤，发达国家为 75 公斤，发展中国家为 24 公斤，其中，俄罗斯和东欧为 100 公斤，中国为 42.2 公斤。欧美国家马铃薯深加工比重占 40%以上。美国、荷兰的深加工比重达到 80%，中国为 20%左右。荷兰马铃薯出口占到全球马铃薯出口的 25%，德国的马铃薯淀粉出口量世界第一，占到全球马铃薯淀粉出口量的 55%。世界上马铃薯加工产品达2000多种，马铃薯全粉及其辅助食品有100多种。

（三）中国实施马铃薯主粮化战略

中国作为世界上重要的马铃薯生产国，马铃薯种植面积和总产量一直居世界首位。为了保障中国粮食安全，推动中国马铃薯产业的发展，也为了中国老百姓吃得健康和营养，2015年中国农业部提出了马铃薯主食产品及产业发展战略，着力推进马铃薯消费由副食向主食转变、由原料产品向产业化系列制作品转变。到2025年，中国马铃薯鲜薯消费量预计将达10 286万吨。2050年，世界人口预计将达到97亿，马铃薯将对解决人口粮食安全问题起到重要作用。

二、马铃薯的用途和选用标准

（一）马铃薯的用途

马铃薯除用作粮食、蔬菜、饲料外，还是工业兼用原料。可加工成薯片、薯条、全粉（雪花粉、颗粒粉）、薯块、淀粉、罐头、去皮薯、薯粒、薯酥、沙拉等，以及化工产品，如乙醇、茄碱、卡茄碱、乳酸等。但最主要的加工产品仍为淀粉、薯片、薯条和全粉（颗粒粉和雪花粉），利用其淀粉已开发出2000多种新产品。

（二）优质马铃薯的选用标准

通过调研，得出马铃薯在生产生活实际运用中的选用标准。

1. 菜用型

（1）炒片炒丝

①薯形好，外观整齐，芽眼浅，表皮细腻光滑，白肉、黄肉，无空心、无青头。

②大中薯率要在75%以上。

③淀粉含量12%～14%，粗蛋白质含量大于1.5%，龙葵素含量小于20mg/100g，维生素C含量大于12mg/100g。

（2）炖菜

①白肉、黄肉，无空心、无青头。

②淀粉含量12%～13%，粗蛋白质含量大于1.5%，维生素C含量大于12mg/100g，龙葵素含量小于20mg/100g。

2. 淀粉加工型

（1）专用品种淀粉含量在18%以上，龙葵素含量小于20mg/100g。低淀粉含量的也可以加工，选用白皮白肉最好。

（2）芽眼浅，有利于清洗。

（3）对薯块大小要求不严格，长度达3厘米以上即可。

3. 油炸食品加工型

（1）芽眼浅，肉乳白色、乳黄色，无空心、无青头，有薯香味。

（2）还原糖含量在0.2%以下，龙葵素含量小于20mg/100g。薯片要求干物含量在19.6%以上，熟炸片要求淀粉含量在14%左右，生炸片要求淀粉含量在14%～16%，全粉片要求淀粉含量在18%以上，薯条要求干物含量在18%以上、淀粉含量在13%～15%。

（3）薯形为长形或长椭圆形，直径5～10厘米，长度不小于8厘米，宽不小于3厘米，重量在120克以上。

4. 主食型（烧、烤、煮）

（1）芽眼浅，无空心、无青头，肉乳白色、乳黄色，有薯香味。

（2）干物含量在19%以上，还原糖含量在0.3%以下，龙葵素含量小于20mg/100g，维C含量大于12mg/100g，粗蛋白质含量大于1.5%。淀粉含量在15%～17%，熟化度较好。

（3）薯形为长形或椭圆形，长度在6厘米以上。

5. 主粮型（全粉加工）

主粮型的马铃薯要符合全粉生产，须选用芽眼浅、薯形好、薯肉色白，干物含量在20%以上，还原糖含量在0.25%以下，龙葵素含量小于20mg/100g的鲜薯。主粮化品种除了上述全粉加工的要求外，还应富含蛋白质、维生素C、胡萝卜素及其他营养元素，熟化度较好，肉色为乳白色、乳黄色，有薯香味，直径大于5厘米，芽眼少而浅。

第二节 马铃薯产业化理论与实践

一、马铃薯产业化的理论基础

（一）产业经济理论

产业经济学是研究产业结构（含产业关系）和产业组织的合理化及为产业政策提供理论依据的经济学科。"产业关系"是指构成国民经济的各产业间的关联关系和产业内企业间的关系。产业间关联关系的实质是产业间的投入产出关系，具体表现为直接关联和间接关联。直接关联是指产业间在生产和技术上存在的直接的投入产出关系，例如，"马铃薯种植业—马铃薯食品加工业"；间接关联是指产业间通过其他产业存在的间接的投入产出关系，例如，"钢铁工业—（农机工业）—农业"。产业间的全部关联总体上表现为产业间在资源分配和产出上的比例关系。

产业经济学的主体由产业结构理论、产业关联理论和产业组织理论构成。

产业结构理论以产业间的比例关系为研究对象，主要研究产业结构的演变规律、产业结构的优化和调控机制、主导产业的选择、产业的区域分布和空间结构等内容，并为国家或地区制定经济发展战略提供依据。

产业关联理论主要对产业间存在的生产技术上直接和间接的投入产出关系进行研究，实质上是产业经济分析的定量化的工具。它利用投入产出表来揭示社会再生产过程中的各种比例关系及其特征，从而为制订经济计划和进行经济预测服务。

产业组织理论以产业组织（产业内企业间的关系）为研究对象。产业组织对产业的经济效益有重要影响：首先，某一产业的组织状况，是否保持了该产业内的企业有足够的改善经营、提高技术水平、降低成本的竞争压力；其次，是否充分利用了规模经济，使该产业的产品单位成本处于最低水平。产业组织理论为产业组织趋向合理提供了方向和途径。

（二）现代农业理论

现代农业概念的提出，是量变到质变的过程，它对农业赋予新的内涵、功能和定位。其内涵主要体现在两个方面：一是形成新的产业群体。现代农业不再是传统的种植业，而是融种养、加工、流通及其他相关产业为一体的产业群体。现代农业不仅能够提供优质丰富的物质产品，持续增加农民收入，而且具有生态保护、观光休闲、文化传承等多种功能。二是实现集约经营。用现代要素替代传统要素，以资本和技术替代土地、水等稀缺资源，实现资本、技术、人力等资源高度集约，农业增长方式由粗放式经营转变为集约经营。

国家确定发展现代农业的基本思路是：用现代物质条件装备农业，用现代科学技术改造农业，用现代产业体系提升农业，用现代经营形式推进农业，用现代发展理念引领农业，用培养新型农民发展农业，提高农业水利化、机械化和信息化水平，提高土地产出率、资源利用率和农业劳动生产率，提高农业素质、效益和竞争力。依据上述指导思想，现代农业可确定以下主要发展途径：一是提高农业科技研发能力；二是优化农业区域布局；三是大力发展生态农业、循环农业等现代农业运作模式；四是推进农业产业化经营。

（三）农业产业化理论

农业产业化是“农工商一体化、产供销一条龙”经营的简称。山东省于1993年初率先提出农业产业一体化发展战略，1994年把实施农业产业一体化战略作为发展市场经济的重要内容，在全省各地市推广。随后，我国各地的农业产业化经营都不同程度地发展起来，日益成为引导小农户进入大市场的有效组织形式，成为实现农业增长方式和经营方式根本转变的有效途径。

对农业产业化概念的描述最早的是以国内外市场为导向，以提高经济效益为中心，对当地农业的主导产业和产品，实行区域化布局、专业化生产、一体化经营、社会化服务、企业化管理，把产供销、贸工农、经科教紧密结合起来，形成一条龙的经营体系。以市场为导向，以农户为基础，以效益为中心，以科技为先导，以龙头企业为纽带，以合作经济组织为载体，在坚持稳定家庭联产承包责任制的前提下，对农业和农村经济的重点产品、主导产业，按照产供销、种养加、贸工农、经科教一体化的要求，实行多层次、多形式、多元化的优化组合，形成各具特色的龙型经济实体，以达到区域化布局、专业化生产、一体化经营、社会化服务、企业化管理。最终目标是：农业走上城乡优势互补、产业相互促进、抵御市场风险、承载农业劳力、良性循环、协调发展之路，从而建立起农村新型经营体制和运行机制。尽管理论界对农业产业化内涵和实质的认识有多种观点，但其基本原则和理论是相近的，基本共识是：农业产业化是以市场为导向，以农户为基础，以龙头企业为依托，以经济效益为中心，以社会化服务为手段，通过实行种养加、供产销、农工商一体化经营，将农业再生产过程的产前、产中、产后诸环节联结为一个完整的产业系统的经营方式。从功能和性质上看，农业产业化是由传统农业转变为现代产业的历史演变过程，是市场农业的基本经营方式和自我积累、自我调节、自主发展的基本运行机制，是引导分散的农户小生产转变为社会化大生产的组织形式，是多方参与者主体自愿结成的经济利益共同体。

农业产业化经营促进农业产业链的延伸，是专业化、规模化、标准化生产和新品种、新技术推广应用的载体，是农产品品牌战略的实施实体，有利于提升农业整体素质。农业产业化经营使企业的资金、技术、人才和信息等优势与农民的生产积极性相结合，形成利益共同体，有效地解决了小生产与大市场的矛盾。在农业产业化经营中，农民可以获得规模效益、加工增值效益、利润分红效益和务工效益，从而促进农民增收。产业化经营将成为现代农业的基本经营形式。

二、马铃薯产业化运行机制

（一）马铃薯产业化的内涵和特征

马铃薯产业化是“产品、商品、产业一体化，产前、产中、产后相联结，种植、加工、营销一条龙”经营的简称，是马铃薯生产专业化、经营一体化、服务社会化三者相辅相成、共同促进的演化过程，是传统的马铃薯生产逐步成长为产品商品化、流通市场化、技术现代化、服务社会化的完全开放的现代农业产业。马铃薯产业化不是单一的生产环节，而是包括种植、加工、营销三大主体在内的完整产业体系。

马铃薯产业化是一个动态概念，是一个过程系统。基于对马铃薯产业化种植、加工、销售等功能的极大相互依存性的认识，马铃薯产业化可划分为产前、产中、产后三个环节。产前环节包括农机、化肥、农药、农膜、种薯等生产资料的投入；产中环节包括耕作、栽培、浇水、施肥、病虫害防治等综合农艺技术措施的运用；产后环节包括收获、贮藏、运输、加工、销售等。马铃薯产业与制造、加工、饮食、投资、流通等产业紧密关联。

从宏观层次分析，马铃薯产业化是随着科技进步和经济发展，马铃薯产业与其关联产业不断分化和综合、日益紧密结合并实现协调发展的过程；从微观层次分析，马铃薯产业化是随着市场化和社会化的发展，在马铃薯生产经营过程中，农户、企业、中介组织等有关利益各方为获取规模经济效益，自愿采用一定的组织形式进行联合从而实现一体化经营的过程。

纵向分析，马铃薯产业化是以产品加工链为脉络向第二、第三产业延伸，形成产前、产中、产后的产业关联群，扩大了产业的外部规模，取得外部规模效益；横向分析，以品种为基础，形成马铃薯生产的区域化和经营专业化，表现出同一商品的生产者在同一市场上集合的产业特征。

作为现代农业范畴的马铃薯产业，其运行机制必须遵循农业产业化的一般原理，必须遵循现代经济发展的普遍规律。马铃薯产业化的基本特征可以概括为以下四个方面的内容：

1. 布局区域化

全球马铃薯产业发展的一大趋势是形成规模化、特色化与专业化的马铃薯产业区。因此，我国马铃薯生产应集中投入，促进产业结构和产品结构调整，引导生产要素向马铃薯优势产业集聚，实现规模化种植，形成优势马铃薯生产区和产业带、实现布局区域化，提升马铃薯规模效益和产业竞争力。

2. 生产专业化

生产专业化是马铃薯产业化发展的外部特征之一。围绕马铃薯主导产品或支柱产业进行专业化生产，把马铃薯生产的产前、产中、产后作为一个体系来运行，做到每个环节的专业化与产业一体化协同相结合，通过把先进的科学技术和成熟的经验组装成产业标准，推广应用到马铃薯生产和经营活动中，把科技成果转化为现实的生产力，从而取得经济、社会和生态的最佳效益，达到高产、优质高效的目的。生产专业化融先进的技术、经济、管理为一体，使马铃薯产业发展科学化、系统化。

3. 经营一体化

马铃薯产业化的内涵核心是经营一体化，通过多种形式的联合与合作，形成市场牵龙头、龙头带基地、基地联农户的一体化经营体制，使外部经济内部化，从而降低交易成本，提高马铃薯产业的比较效益。本质是由关联各方组成“风险共担、利益共享”的经济共同体，使各个组成主体都能获得整个产业链条的平均利润，进而最终实现统一市场条件下同行业同产品的平均利润，这是发展马铃薯产业化的经济学特征。

4. 企业集群化

企业集群是指以一个主导产业为核心，大批相互联系的企业向某个区域空间内集合。现代产业组织理论认为，产业积聚具有放大产业竞争能力的功效。马铃薯产业化发展到一定水平，必然引发龙头企业向一定区域集中，形成产业积聚，通过产程分工、相互协作、关联经营、集群发展，真正形成“一条龙”式的产业链条。产业在地理上的集聚会带动要素资源向这个区域流动，会带动产品市场向这一区域集中，从而形成马铃薯产地信誉和品牌效应，极大地提高产品的市场占有率。

（二）马铃薯产业化的经营模式

有效的组织形式是重要的社会资源。马铃薯产业化也正是通过各种有效的组织形式使产业达到较高的经营效益和经济效益。在马铃薯产业化的过程中，由于各地资源禀赋不同，生产发展水平、技术水平和社会发育程度不同，因而各地产业化经营组织的具体形式呈现多样性。

马铃薯产业化的组织模式主要有以下形式。“企业+农户”“合作组织+农户”“专业市场+基地+农户”“企业+基地”“企业+合作组织+基地”“企业+合作组织+基地+农户”“企业+基地+农户”“合作组织+基地+农户”“项目+合作组织+农户”“品牌+企业+农户”等。就目前而言，“合作组织+基地+农户”“专业市场+基地+农户”“企业+基地+农户”等模式，是最有效、最稳定的马铃薯产业化经营模式。其中，“企业+基地+农户”是马铃薯产业化经营发展的主导方向，在不少地方取得了成功，表现出蓬勃的活力。与传统模式不同的是，这种模式里有三个经营元素（企业、基地、农户），各个组成主体在产业联结上也是一体化的，各自处在产业链条的一个环节上，互为支撑，互相联系。这种模式体现了产业集群，体现了产业分工和专业化生产，体现了现代企业管理理念，体现了规模经营。农民参与产业化经营的程度较高，企业的经营风险得到有效化解，在保障产品质量、稳定原料供应、实施科学管理等方面非常有效，应该重点发展推广。

（三）马铃薯产业化的政策体系

作为现代农业范畴的马铃薯产业，属于弱质产业，应纳入政府重点扶持范围。一是充分发挥政府的主导作用；二是建立健全政策体系。

政府的主导作用具体表现在对产业发展进行总体规划、加强对产业发展的调控和引导、制定有利于产业发展的各项优惠政策、提供产业发展的必要的财政支持、培育和引进产业发展急需的各类人才、平衡和调节各类市场主体的利益关系、营造产业发展的宽松环境、搭建有利于各类生产要素聚集到产业发展链条上的合作平台等。

在政策体系的构建上，要在 WTO 绿箱政策的框架内，重点建立健全如下政策体系：

一是补贴政策，充分利用好国家对农民的各类补贴政策，把马铃薯纳入粮食直补、良种补贴范围，落实好农机具购置补贴和农资综合直补，对农民专业合作组织、企业技术改造、技术研发、贸易促进等环节，实行补贴制度。二是政府投入政策，设立马铃薯产业发展基金，主要用于马铃薯良种、种植以及重点企业、重点项目贴息、技术创新、项目前期工作经费、人员培训等。对农业基础设施、专业市场建设、企业基本建设、节能减排项目、环境治理项目等，纳入年度财政投资预算。三是金融支持政策，通过财政贴息、信用担保等方式，建立银政银企银协之间良好的信用体系，促进地方发展与金融运作的良性互动，建立龙头企业融资的绿色通道，增加贷款规模，提高融资效率，降低融资成本。四是政策性保险制度，特别是对外向型龙头企业，通过政策性保险，规避贸易风险、汇率风险以及自然风险。五是加大招商引资力度，吸引外来资本投资于马铃薯产业，同时鼓励本地民间资本投资，增强产业竞争力。

第三节　马铃薯产业化经营管理

一、农业产业化经营的内涵和特点

习近平总书记在十九大报告中指出，产业兴旺、生态宜居、乡风文明、治理有效、生活富裕是“乡村振兴战略”的总要求。经济基础决定上层建筑，产业兴旺是乡村振兴的首要任务，农业产业化发展则是产业兴旺的核心。

（一）农业产业化经营的内涵

农业产业化就是以国内外市场为导向，以持续保护和科学开发农业资源为前提，以农民家庭联产承包责任制为基础，以提高生态效益、社会效益和经济效益为中心，对农业的一、二、三产业（种植业、养建业、加工业）实行多层次、多元化、多形式的优化组合，形成种养加产供销、农工商一条龙产业链，结成贸工农、内外贸、农科教一体化产业体系，带动农民将分散零星的小生产转化为规模化、专业化、社会化大生产，实行农民之间利益共享、风险共担的企业化生产经营机制，切实达到科学开发利用农业资源，优化组合农业生产要素，提高农业综合生产能力，实现农民增收致富的目的，保障农业和农村经济持续发展。

（二）农业产业化经营的特点

农业产业化经营与传统封闭的农业生产经营相比，具有以下基本特征：

1. 市场化

市场是农业产业化的起点和归宿。农业产业化经营必须以市场为导向，改变传统的小农经济自给自足、自我服务的封闭式状态，通过市场机制实现资源配置、生产要素组合、生产资料和产品购销结合等。

2. 区域化

区域化即农业产业化的农副产品生产要在一定区域范围内相对集中连片，形成比较稳定的区域化生产基地，有效地解决生产布局过于分散而造成管理不便和生产不稳定的问题。

3. 专业化

专业化即生产、加工、销售、服务等专业化。农业产业化经营要求提高劳动生产率、土地利用率、资源利用率和农产品商品率等，这些只有通过专业化才能实现。

4. 规模化

生产经营规模化是农业产业化的必要条件，其生产基地和加工企业只有达到相当的规模，才能增强辐射力、带动力和竞争力，实现规模效益。

5. 一体化

一体化即产供销一条龙、贸工农一体化经营，把农业的产前、产中、产后三个环节有机地结合起来，形成一体化的产业链，使参与各环节的主体真正形成风险共担、利益均沾、同兴衰、共命运的利益共同体。这是农业产业化的实质所在。

6. 集约化

农业产业化的生产经营活动要符合“三高”要求，即科技含量高、资源综合利用率高、综合效益高。

7. 社会化

社会化即服务体系社会化。农业产业化经营，要求建立社会化的服务体系，对一体化的各组成部分提供产前、产中、产后的信息、技术、资金、物资、经营、管理等全程服务，促进各生产经营要素直接、紧密、有效地结合和运行。

8. 企业化

企业化即生产经营管理企业化。不仅农业产业的龙头企业应实行规范的企业化运作，而且其农副产品生产基地为了适应龙头企业的工商业运行的计划性、规范性和标准化的要求，应由传统农业向规模化的设施农业、工厂化农业发展，要求加强企业化经营与管理。

（三）当前农业产业化经营存在的问题

1. 农业产业化的整体水平不高，发展不平衡

经济发展的不平衡使不同地区、不同农产品的产业化发展水平差异较大。在许多地区农业产业化已初步完成了由产品初级加工向精深加工、由单一产品向系列产品、由内向型向外向型的转变。但由于我国传统的小农经济思想根深蒂固，对农业进行横向和纵向的以及深度的扩展力度不够。例如，观光农业、绿色农业等发展滞后，土地经营权的平均分配制度和生产要素市场化机制的缺乏，使农业生产只能以家庭为单位，经营规模长期凝固化，形成了农业生产中每个农户分散式的小规模经营。农民的市场意识差，参与市场的积极性不高，因此，参与农业产业化经营组织的数量也较低，导致农业产业化组织的规模小，竞争力弱。

2. 市场化程度不高，实施农业产业化的政策法规尚待健全

一是农民分散、细小的生产经营方式限制了产品的交易方式，多以无组织分散状态进入市场，使他们在市场上处于被动地位，无法适应市场经济的发展和开放的国际市场环境。二是市场建设和市场运行中的部门分割、地区封锁、行业垄断等情况仍然存在；市场秩序还有许多不规范的地方。三是掺杂使假、欺行霸市、虚假广告时有发生，干扰了市场的公平竞争；在实施农业产业化的过程中，法律、法规还不健全，市场监督管理不完善。

3. 农业产业化组织与农户之间的利益关系不规范

在农业产业化经营过程中，利益分配机制是决定产业化经营能否长期坚持下去的重要因素。现阶段农业产业化组织与农户的利益关系存在不规范的现象。有的企业在产品难以销售时拒收农产品或压价收购农产品，忽视农民利益；有的农户在农产品促销时不按合同约定卖给企业等。目前在企业与农户的购销关系中，很多都是口头约定或君子协议，违约现象时有发生。

（四）农业产业化发展的建议

1. 龙头企业必须有较好的经济效益

农业产业化的实施，龙头企业是关键。龙头企业在农业产业化过程中作为一个重要纽带，上连市场，下连农户基地，根据市场预期需求、本地资源以及主导产品优势，建立起农业初级产品多向开发的产品链和农工商结合的产业链。因而，龙头企业的好坏直接影响产业化的发展，一个效益好的龙头企业，拉动力强，更能有力地推动农业产业化发展。

2. 龙头企业必须认真贯彻党在农村的方针、政策

龙头企业直接面对千家万户的老百姓，关乎农民的切身利益，龙头企业必须认真贯彻党在农村的方针、政策。收购农副产品不准打白条，真正地维护好农民利益，以保证农副产品生产的顺利实施，确保龙头企业与农民紧密地联系。

3. 龙头企业必须熟悉农副产品生产标准

龙头企业如果不熟悉农副产品生产标准，又如何教会地方科技人员、指导农民去生产呢？只有熟悉农副产品生产标准的企业，才能把田地作为它的第一生产车间，生产出符合龙头企业所需的农副产品，最终生产出满足消费者需求的高质量产品。

4. 农产品生产基地建设必须切实可行

农产品生产基地是农业产业化经营的“第一车间”，是龙头企业所需原料和销售的农产品的集中地，是农产品、均衡供给的保证。农产品生产基地建设，是关系到农业产业化成功与否的一个重要因素。农产品生产基地建设需要充分考虑周边的地理环境因素、区位因素、社会因素等，实现区域化布局、优质化生产、集约化经营。

5. 龙头企业对农户投入资金的效果必须做充分的估计

在“龙头企业+农户”的运行模式中，龙头企业对农民投入的资金要有效，否则会影响农民生产积极性。另外，农民在投入劳动力后是否能得到应有的报酬，是提高农民从事产业发展兴趣的关键。

6. 加快土地使用权流转，实现基地建设的统一

中央虽然对农村实行土地联产承包责任制，保障农民拥有土地经营权、使用权，但又强调，在不侵犯农民利益的条件下，按照《中华人民共和国农村土地承包法》，双方自愿，实行土地使用权的转让，既有利于维护农民自身利益，又有利于土地的连片规划。在基地建设上，加快土地使用权流转，有利于龙头企业对农副产品的规模化生产、集约化经营，

满足龙头企业的产业发展需要。

7. 实行农民技术培训、持证上岗

实行农民技术培训、持证上岗是确保农副产品生产符合龙头企业标准的根本性保证。农民是推进农业产业化发展的主要力量，农民的文化技术素质、经营管理能力和思想道德水平直接影响着农业产业化发展的进程。只有加大对农民的技术培训工作，要求生产农副产品的农民持证上岗，让真正懂得该技术的农民进行生产，才能确保农副产品的质量，实现龙头企业经济效益的提高、农民收入的增加。

（五）政府加强对农业产业化领导

1. 政府要做好龙头企业和农民之间的衔接，当好裁判员

农业产业化的实施离不开当地政府的参与，龙头企业的建设和基地建设都与当地政府直接或间地联系在一起。当地政府要认真分析龙头企业的经济效益，特别是基地建设是否符合农民的利益，当好裁判员，为龙头企业发展着想，为农民利益着想，切忌在实施农业产业化过程中，行政干预龙头企业经营和基地建设，用行政命令取代市场行为。

2. 加强对地方科技人员和农民的培训

在实施农业产业化过程中，由于科技人员知识更新缓慢，农民素质普遍不高，严重制约农业产业化发展。为了推动农业产业化发展，一方面加强农业科技人员的技术培训，不断更新他们的农业科技知识，以适应新形势下农业产业化发展需求；另一方面加强农民标准化生产技术的培训力度，使农民真正掌握标准化生产技术，生产出符合龙头企业需要的农副产品。

3. 做好农业产业化服务

为了对农业产业化经营进行有效服务，政府首先应通过财政支持和税收优惠政策，加强农业社会化服务体系建设，包括信息体系、物资供应体系、技术推广体系、融资体系、运销体系、政策法规咨询服务体系，尤其要加强公共服务体系的建设（主要是指为生产者提供科技教育、资金、保险及信息的服务。包括农业科技推广、普及和培训、农用资金的筹集、农业生产保险、信息中介服务业）。其次，政府（包括其下属机构）要积极提供农户和龙头企业需要的，但其自身又无力完成的服务，如组织协调、信息咨询、法律咨询、技术培训、合同公证、经济纠纷调解与仲裁等。最后，政府应加强服务职能，加快发展企业服务，推进农业产业化经营内部龙头企业或其他中介组织对农民的服务。

4. 维护好农民和龙头企业的利益

在实施农业产业化过程中，存在企业与农户主体地位不对等的问题。有的龙头企业为了销售种子等物资，故意定高收购标准，造成农民生产的农副产品被龙头企业拒收；不坚持试验、示范、推广的技术路线，盲目地进行农副产品生产，生产出的农副产品要么亩产值较低，坑农害农，要么农副产品合格率低，无法交给龙头企业，造成农民利益受损。各地政府要认真贯彻《中华人民共和国农业技术推广法》的实施工作，切实保护农民的利益。农民虽然在产业化经营中处于被动地位，但有时农民与龙头企业在签订收购合同后，遇到市场价格比龙头企业收购价高时，会自行将农产品拿到市场上出售，导致龙头企业完成不了收购任务。当地政府一定要把《中华人民共和国合同法》普及工作贯穿实施农业产业化过程当中，让农民真正懂得合同的重要性、严肃性，切实保护好龙头企业的利益。

二、农业产业化经营的主体

（一）新型农业经营主体

1. 专业大户

专业大户是以从事某种单一的农产品的初级生产为主，其规模要大于分散经营农户，而且专业化程度较高。区分其与一般农户的标准，主要看两个程度：规模化和专业化。其特点就是所生产的农产品较为单一，生产效率比普通农户有所提高。

2. 家庭农场

家庭农场是以家庭成员为生产主体的企业化经营单位，具有法人性质，和专业大户相比，虽然都是以家庭为单位，但是其产业链较长，集约化、专业化程度较高，并非简单地从事初级的农产品生产。这种模式融专业化的农产品生产、加工、流通、销售为一体，可以涵盖到第一、二、三产业。特点就是商品化水平较高，生产技术和装备较为先进，规模化和专业化程度较高，生产效率也较高。

3. 农民合作社

农民合作社是在农村家庭承包经营基础上，同类农产品的生产经营者或者同类农业生产经营服务的提供者、利用者，自愿联合、民主管理的互助性经济组织。农民合作社以其成员为主要服务对象，提供农业生产资料的购买，农产品的销售、加工、运输、贮藏以及与农业生产经营有关的技术、信息等服务。农民合作社是一种互助性质的农业生产经营组织，其规模更大，专业化水平更高，与市场的结合程度也更高，是农民自愿组织起来的联合经营体。特点是分工明确，从生产、加工到销售都有专门的团队在做，其生产效率也因此得到提高。

4. 龙头企业

龙头企业所经营的内容可以涵盖整个产业链条，从农产品的种植与加工、仓储、物流运输、销售到科研，其组织化程度和专业化都比较高，通常与农户的合作模式主要有“基地+企业+农户”“企业+基地+农户”等，在实现自身发展的同时，也能带动农户的发展，甚至带动一个区域的特色农产品的发展，效率远远高于前三种新型经营主体。

（二）新型农业经营主体存在的问题

1. 对农业认识不足

农业是一个投资回报周期长、收益相对不高的行业，平均利润率为2%～10%，有的年份甚至会出现亏损。而且，农业是一个相对脆弱的产业，一方面受自然条件影响大，农业生产在很大程度上“靠天吃饭”；另一方面受市场行情波动以及政策调控的影响较大。随着农业产业的结构调整，效益好的项目跟风发展，加大了市场预测难度。在工业化、城镇化的背景下，农村青壮年持续流出，导致农业劳动力不足，土地撂荒严重。资料显示，许多龙头企业和种植大户在市场预测时，仅凭经验认为市场波动为三年一个小周期，今年亏了明年种，总会有赚钱的时候，并且在农产品定价方面有两个错误的认识：第一，特色农产品，走高端市场，把价格定得过高，进入市场后消费量不大；第二，大众化农产品，铺货走量。

2. 农业企业难以留住人才，生存困难

一说到农业企业，大家首先想到的是到农村工作。由于目前城乡条件的差距，愿意到农村去工作的大学生较少，主要原因还是农业行业的生产生活条件差。大多数种植基地建在远离城乡和村庄的地方，这些地方不仅人烟稀少，而且生活很不方便，一些年轻人很难长久待下去。另外，农业企业普遍盈利困难，开出的薪金也不高，与城市相比又处于劣势。

农业企业需要的人才有两类：一类是管技术的，负责怎样标准化生产、提高品质等，非专业人员不能担任；另一类是搞经营管理的，负责管员工、开拓市场、跑资金项目等。农业企业更多地需要复合型人才，除了懂种植以外，还要懂运输、管理、销售诸多领域的知识。实际上，农业企业需要一个真正懂得农业企业运作的复合型人才来经营管理。

由于农业企业发展规模普遍较小，不具备现代企业管理体制，更缺乏现代企业管理理念，管理方式简单、传统，人才在农业企业干得再好，也难有施展才华和晋升的空间。对人才的培养，企业缺乏人才战略思维和远景规则，困扰着企业的发展。据调查，许多年轻人不愿从事农业，在从事农业的人员中40岁以下的占5%，40～50岁的占15%，50岁以上的占80%。大多数农业企业实行家族式管理，外来人很难融入其中，而且产权不清晰，内部管理存在纷争的隐患。

3. 预算搞错，偏离投资预期

一些农业经营者成立新型经营主体之后，没有将资金来源和新的身份搞清楚，认为自己是法人，经营主体属个人私有。另外，融资用钱不是按照经营主体运作的模式进行，而是按家庭收支模式运作，导致公私不分，财务管理混乱。另外，在资金使用上，受周期性影响，资金周转速度缓慢，仅此就形成大量资金被占用的情况。农业企业对流动资金需求较大，尤其在自然规律面前，农业生产对流动资金的占用周期长，往往使许多农业企业因为资金链跟不上而倒闭。

农业抵押贷款困难。首先土地归集体所有，企业流转农民的土地，只能取得农村集体土地的经营权，抵押贷款难度大；其次，农业企业所经营的牲畜、树木、农作物等不能抵押贷款，找担保也相当困难。在农业经营过程中，生产的关键时期一旦遇到资金短缺，比如施药防病，一些农业企业往往通过借高利贷来救急，仅沉重的利息就可能把企业压垮。据调查，农业生产的固定投资与流动资金的比例是1∶10～15。

农业投资，虽然在理论上投资回收期是明确的，但在现实中受到各种因素的影响，投资预期严重偏离，收益期迟迟等不到。

4. 政策调整，预期难以实现

由于农业是一个弱质性产业，国家的扶持对农业发展的重要性不言而喻。一般的市县缺少资金补贴农业，主要靠国家和省级补贴项目，但中间的变数相当大，国家的政策会随着形势的变化进行调整，以农业这样的长周期投资去追赶国家政策的变化调整显然是不可能的。如果遇上政策预期的落空，对农业企业的生产经营影响会很大。

5. 低水平管理，优质标准产品难以实现

农业企业也是企业，是企业就得有管理。有人认为农业企业可以低水平管理，甚至可以不管理。实际上，农业企业的管理对象主要是农民，农民受传统思想影响，实行习惯性种植，在管理上难度大。农业企业管理环节众多，达不到标准化生产，效益极低。如今，我国农业发展已走过了粗放经营的年代，开始精细化经营。而对于一些农业企业家而言，总用过去的传统思维管理企业，导致企业生存困难，经营难以为继。

6. 对自然环境不熟悉，导致效益低下

农业生产活动对自然环境的依赖性较大，它借助自然环境中的热量、光照、水、地形、土壤等条件，进行种植业、畜牧业、林业、渔业和副业生产，如果不熟悉种植区域的自然环境，盲目进行种植，会导致生产效益低下甚至严重亏损。

7. 不懂营销

以前的农业往往重视生产环节而忽视了农产品的销售环节，农民种植的农产品都是直接售卖，很难卖出一个好价钱。如果不懂得对产品进行包装设计、营销策划，那么很难在农产品销售环节获得更多的利润。农业经营是一项复杂的工程，如果不懂营销，仅仅埋头苦干，对现代农业来说是很难行得通的。

8. 不懂创新和创立品牌

如果把农业想得过于传统，投资农业将会受挫；如果把农业想得过于简单，那么经营一阵就会失败。随着现代化农业的发展，对农业技术方面的要求也越来越高。现代农业不再是仅仅靠经验、勤劳就能致富的，要想获得更大的农业经营收益，就必须不断学习新的农业技术，运用现代科技成果、现代营销理念，创立品牌，做强品牌，加强软实力建设，才能在激烈的市场竞争中脱颖而出。

（三）农业产业化经营主体应具备的条件

1. 转变传统农业观念，适应现代农业发展要求

和传统农业相比，现代农业具有生产规模大、标准化水平高、质量效益好等特点。从传统农业向现代农业迈进，需要转变观念和经营方式，培养科技意识、管理意识、质量意识、诚信意识、市场意识、文化意识和创新意识，提升农业组织化程度，突破农业内部纯粹的种植养殖业限制，向加工和市场延伸。

2. 建立齐心协力的企业队伍，打造优秀团队

农业发展离不开人才，农业产业化经营主体需是一支爱农业、爱行业、耐寂寞、能吃苦的门类齐全的人才队伍。制定规章，按规章制度办事，遵规守纪，不搞家族式管理，吸纳人才、留住人才，为农业产业化经营发展创造良好条件。

3. 充分认识农业特殊性，做好长期发展规划

农业存在诸多风险，如自然风险、病虫害风险、政策风险、社会风险、市场风险、生态风险、技术风险等。为了减少风险损失，在农业生产中，要理清思路，做好长期发展规划，明确什么时候做什么事，主要问题有哪些，做到心中有数，才能遇到问题，有的放矢。在做原料生产规划中，以最佳适宜区为目标，聘请水利、育种、栽培、病虫害防治、气象、农业生态环境等方面的专家进行论证，只有充分做好规划，才能确保原料生产基地建设成功。同时，加强软硬件设施建设。

4. 业务能力要精湛，带动力强

作为新型经营主体，要使业务顺利开展，必须有精湛的业务能力。业务人员要在懂管理（做好人财物协调）、懂财务（做好企业财务规范）、懂政策（把握国家投资方向）、懂市场（农产品想要在市场上有主动权，需要三个决定因素：一是品质，按加工用途的品质或消费习惯的品质，品质是农产品生产的关键一环；二是包装，不管是外形包装还是品相上面，包装影响产品销量；三是品牌或口碑，包括企业品牌、区域品牌、产品品牌、个人品牌）、懂技术（同一生态区可采取标准化生产技术，不同生态区有不同标准要求）、懂做群众工作等的多方面人才。在抓好基地建设的同时，发动好群众进行原料生产，坚持以科技为导向，形成全产业链跟踪技术服务，实现标准化的原料生产，满足企业原料所需和市场农副产品的需求；建基地，兴产业，搞示范，做给农民看；连市场，赢效益，强企业，带着农民共同富裕。

三、农业产业化经营的组织形式

发展农业产业化经营，一个最主要的目的就是要通过一种新的形式，把一家一户的小规模农户有效地组织起来。

（一）“公司+协会+农户”

即以专业开发公司为“龙头”，以农民专业协会为纽带，以众多的专业农户为基础，通过有效的利益连接机制结成经济共同体。

（二）“合作组织+农户”

即以社区合作组织或农民专业协会为“龙头”，把分散的农户联结起来，开展技术合作、信息传递、融资、销售服务、运输等合作，形成规模生产，并实现产供销一条龙，种

养加工一体化经营。专业户及时向合作组织提供优质农产品，合作组织向农户提供种子、技术、信息、资金、营运等项服务，从而使农户与合作组织间形成利益共享、风险共担的利益体。

（三）“企业+农户”

即以加工企业为“龙头”，以农副产品精加工、深加工为主，以契约、服务等不同形式将基地农户联系起来，以企业发展带动基地，基地壮大增强企业，互相促进，共同发展。

（四）“专业批发市场+农户”

即围绕优势产业的发展，发展专业批发市场，拓宽商品流通渠道，充分运用市场的导向作用，带动优势产业规模生产，以及发展与其相配套的加工、运销业等，进而形成一体化经营格局。

发展农业产业化经营，一个最主要的目的就是要通过一种新的形式，把一家一户的小规模农民有效地组织起来。

四、马铃薯产业化运行探索

马铃薯生产跟其他农作物生产一样，属于农业产业，根据多年实践经验，我们总结出一些马铃薯生产运行规律和其产业化经营的内在要求。

（一）马铃薯生产运行规律

1. 产值相等与品种选择

在相同区域内，种植不同的品种，成本差异较小。种植新品种所生产的亩产值要与原种植品种相当甚至更高来作为新品种选择的依据。

2. 纯收益与技术原则

纯收益是决定采用新工艺、新技术的首要原则。马铃薯种植亩成本增加，纯效益增加（如雾培法生产微型薯与基质法生产微型薯相比），或者亩成本降低，纯效益增加（自繁自用种薯及用牛耕作），或者亩成本降低，亩产量降低，但只有纯效益增加（马铃薯全程机械化作业），新的种植方式才能被广泛推广。

3. 农产品供求与价格变化

农产品价格的变化主要受供求的影响，从供求关系原理来看，供给大于需求，价格下跌；供给小于需求，价格上涨；供求平衡，价格平稳。在农产品市场上，绝大部分农产品价格变化又受气候因素的影响。在农业生产中，播种时的天气变化直接影响到播种面积的大小，而面积增加或减少会直接关系到产量高低，最终影响到农产品价格；生长期的天气变化会影响单产量的高低，收获期的天气变化也会影响最终产量的高低，进而影响价格的涨跌。近年来，马铃薯生产受市场价格波动影响较大，其中有两个方面的原因：一是自然原因。到了冬春季北方封路，北方马铃薯南调困难，南方马铃薯的价格会不同程度地出现上涨情况。二是国家宏观调控原因，主要表现为政府对经济结构调整，从而影响马铃薯的供应，马铃薯价格也会出现波动。

4. 马铃薯市场需求多样化

农产品消费需求的多样化决定了农产品生产的多样化，一个产品不仅要有多种品质，而且要有多种规格。马铃薯市场需求包括外地生活消费市场、本地生活消费市场、种薯市场、加工市场，以及特殊人群消费。

（1）外地生活消费市场

要研究外地人的生活习惯，从而决定马铃薯生产的内在标准。中国人口主要集中在长江三角洲、珠江三角洲等地，这些地方的消费者喜欢吃马铃薯炒片、炒丝，那么，种植马铃薯时要以菜用型的马铃薯品种为主，如丽薯 6 号、会-2 号、合作 88 号、宣薯 2 号、靖薯 2 号等。

（2）本地生活消费市场

针对曲靖及周边人喜欢味道香、口感面的马铃薯这一特点，要选种淀粉在 15%～18% 的黄心黄肉、薯味好的品种。

（3）种薯市场

针对不能繁种冬早马铃薯种植区，开展适销对路的种薯生产，满足种薯市场的需求。

（4）加工市场

根据马铃薯加工产品的要求，确定种植品种，满足加工企业的需要。目前加工产品主要为薯片、薯条、淀粉、全粉。

（5）特殊人群消费

一些人喜欢吃紫、红、花紫、花红等不同颜色品种的马铃薯，那么在种植时就要有针对性。

（二）马铃薯产业化经营的内在要求

1. 坚持标准化、规模化生产

实行标准化生产，为合格马铃薯加工提供原料；实施规模化生产，为产业发展提供物质保障。马铃薯产业要围绕淀粉加工、薯片加工、薯条加工、薯块加工、全粉加工进行，各类型的加工对马铃薯品种以及生产要求不同，品种是基础，标准化生产是保障，积极研究标准化生产技术是实施马铃薯产业化发展，为龙头企业生产合格产品供给合格原料的技术保障。标准是进入龙头企业的“准入证”，龙头企业需要什么标准，就要研究相应的标准，才能有的放矢地抓好马铃薯的生产。龙头企业在规模化生产中，要选择适合标准化生产的土壤条件及其生态条件，做到规划连片不小，品种以龙头企业及市场需求为准，不要搞多、乱、杂，为产业提供物质保障。要把规模化办成商品薯基地、种薯基地、龙头企业原料基地，指挥大面积生产的样板基地，带动马铃薯生产的示范基地。

2. 坚持“三高一优一广一标”模式

“三高一优一广一标”模式，其中“三高”即繁种产量高，种植产量高，繁种户、种植户、产品用户效益高；“一优”即种植的品种要优良，符合市场要求；“一广”即种植区域要广，才能规模化生产，实现产业化经营；“一标”指优质高产是科研的生存力，优质标准是企业的生命力，高产是农户的再生力。只有优质高产标准的品种，农民才能在企业追求效益的条件下获得收益，企业才能生产出质优价廉的产品，市场也才有竞争力。

3. 抓好“三证”建设，做好农产品质量

一是把农产品质量安全建设作为农业的“准入证”来抓，推动农产品安全标准化生产；二是把农产品品牌创建作为发展农业的“身份证”来抓，推进品牌化经营；三是把农产品产地证抓好，突出“区位优势”。

4. 加强流通领域建设

一是把发展龙头企业、农村合作流通组织和农民经纪人队伍作为发展农业的“切入点”来抓，拓展现代流通，促进农副产品的再生产；二是把农贸市场超市化作为发展超市农业的“载体”来抓，搞好在地农业、在场农业、在版农业、在线农业，打造有主体、有基地、有加工、有品牌、有展示、有文化、有特色、有带动的“八有”农业。

参考文献

[1]刘海英,张祚恬.马铃薯组织培养技术[M].武汉:武汉理工大学出版社,2019.
[2]郝伯为.马铃薯生长与环境[M].武汉:武汉理工大学出版社,2019.
[3]康俊,彭向永.马铃薯食品加工技术[M].武汉:武汉理工大学出版社,2019.
[4]苑智华.马铃薯病毒及其检测技术[M].武汉:武汉理工大学出版社,2019.
[5]吴笛.马铃薯产品综合开发研究[M].成都:西南交通大学出版社,2019.
[6]韩亚琦.马铃薯病虫草害防治技术[M].武汉:武汉理工大学出版社,2019.
[7]张德亮,杨艳丽.云南马铃薯产业竞争力研究[M].北京:科学出版社,2019.
[8]张美玲,陈静新.马铃遗传育种技术[M].武汉:武汉理工大学出版社,2019.
[9]张和义,王广印.马铃薯优质高产栽培[M].北京:中国科学技术出版社,2018.
[10]戴冠明,何斌.马铃薯规模生产与加工技术[M].北京:中国农业大学出版社,2018.
[11]蔡仁祥,成灿土.马铃薯营养价值与主食产品[M].杭州:浙江科学技术出版社,2018.
[12]陈建林.马铃薯栽培与产业化经营[M].昆明:云南大学出版社,2018.
[13]巩发永,王广耀.马铃薯食品加工技术与质量控制[M].成都:西南交通大学出版社,2018.
[14]韦剑锋.冬种马铃薯栽培理论与技术研究[M].天津:天津科学技术出版社,2018.
[15]潘丽娟.旱地马铃薯、玉米种植实用技术[M].兰州:甘肃科学技术出版社,2018.
[16]何云昆,李树莲.马铃薯栽培新技术[M].昆明:云南科技出版社,2018.
[17]杨来胜,王程.马铃薯膜上覆土绿色高效栽培技术[M].兰州:甘肃科学技术出版社,2018.
[18]尹明浩.马铃薯病虫害绿色防治[M].长春:吉林人民出版社,2017.
[19]张炳炎.马铃薯病虫害诊治图册:全彩版[M].北京:机械工业出版社,2017.
[20]台莲梅,孙冬梅.马铃薯早疫病和黑痣病研究[M].哈尔滨:哈尔滨工程大学出版社,2017.
[21]巩发永,李凤林.马铃薯淀粉加工工艺与检测技术[M].成都:西南交通大学出版社,

2017.

[22]王春珍.一本书明白马铃薯高产栽培与机械化收获技术[M].太原:山西科学技术出版社,2017.

[23]沈学善.马铃薯产业周年生产供给体系的构建与管理[M].成都:四川科学技术出版社,2017.

[24]林庆元.马铃薯[M].武汉:武汉大学出版社,2016.

[25]崔太华,邱彩玲.马铃薯高效栽培[M].北京:机械工业出版社,2016.

[26]张晨光.马铃薯栽培与加工技术[M].天津:天津科学技术出版社,2016.

[27]高广金,李求文.马铃薯主粮化产业开发技术[M].武汉:湖北科学技术出版社,2016.

[28]高艳玲,王晓丹.马铃薯种薯质量检测技术[M].哈尔滨:哈尔滨工程大学出版社,2016.

[29]王富荣,张选厚.粮油作物高产栽培技术[M].西安:陕西科学技术出版社,2016.

[30]杨文玺,胡朝阳.马铃薯生长发育与环境[M].武汉:武汉大学出版社,2015.

[31]原霁虹,韩黎明.马铃薯生产技术[M].武汉:武汉大学出版社,2015.

[32]李润红,刘玲玲.马铃薯食品加工技术[M].武汉:武汉大学出版社,2015.

[33]韩黎明,童丹.马铃薯质量检测技术[M].武汉:武汉大学出版社,2015.

[34]贺莉萍,禹娟红.马铃薯病虫害防控技术[M].武汉:武汉大学出版社,2015.

[35]张超凡.甘薯马铃薯高产栽培新技术[M].长沙:湖南科学技术出版社,2015.